你只是
看起来很努力

水 心◎著

九 州 出 版 社
JIUZHOUPRESS

图书在版编目（CIP）数据

你只是看起来很努力 / 水心著. -- 北京：九州出版社, 2018.1

ISBN 978-7-5108-6568-8

Ⅰ. ①你… Ⅱ. ①水… Ⅲ. ①成功心理—通俗读物 Ⅳ. ①B848.4-49

中国版本图书馆CIP数据核字(2018)第015890号

你只是看起来很努力

作　　者	水心　著
出版发行	九州出版社
地　　址	北京市西城区阜外大街甲35号（100037）
发行电话	（010）68992190/3/5/6
网　　址	www.jiuzhoupress.com
电子信箱	jiuzhou@jiuzhoupress.com
印　　刷	三河市九洲财鑫印刷有限公司
开　　本	880毫米×1230毫米　　32开
印　　张	8
字　　数	230千字
版　　次	2018年7月第1版
印　　次	2018年7月第1次印刷
书　　号	978-7-5108-6568-8
定　　价	39.80元

生活中，我们饱受外界的各种压力，很多时候又解题无方，苦苦寻觅也找寻不到有效的解决问题的途径，这让我们在一定程度上感觉自己很渺小，甚至很自卑，预期的美好生活不仅没有如期而至，甚至还变成了身心重压，让我们喘不过气来。

问题到底出现在哪里？是什么让我们生活得如此捉襟见肘，甚至狼狈不堪？我们又该如何摆脱这种令人难堪的窘境？

追本溯源，会惊异地发现问题源就是我们自己，是我们的不自信、不勇敢、不主动、不积极，才让生活的美好统统消失，自卑、懒惰、被动、等待、自甘堕落、自以为是、随波逐流成为了我们的"标签"，而且挥之不去，走到哪儿带到哪儿。

胜利的果实不是轻易就可摘取的，成功也不是随随便便就能获得的，它需要你的努力，正所谓：你不努力，谁也给不了你想要的幸福。

人有个弱点，就是总是向往美好却耽于现状，明明知道梦在远方，却懒于踏上征程。可是，生活是现实的，天上掉馅饼的事不可能是常态，不是你想要成功，成功就会主动跑到你身边的。

所以，要想成功，要想过上想要的幸福生活，只有变被动为主动，变消极为积极，将自卑、自大、自以为是、自甘堕落这些负能量从我们身上统统剔除，代之以自信、自强、主动、积极、坚强，这样，才会实现我们的梦想，才会让我们过上我们想要的幸福生活。

努力是要真正付出的，而不是只装装样子。看起来每天早出晚归，却只是例行公事地应付工作；看起来买了好多书充电，只不过是显摆给人看；看起来每天都在熬夜，但只是浪费时间刷朋友圈，所谓的努力，只不过是自欺欺人，骗了别人的同时，辜负了自己。

这个世界上除了我们自己，没有人能决定我们的命运。无论生活有多窘迫，只要肯努力，真正地努力，而不是自欺欺人作秀，就一定会有收获。正如一首诗所说：没有到不了的远方，只有退却的信念。努力，真的就要"货真价实"，就要不遗余力。

CONTENTS
目录

第三辑

请不要再说"我尽力了"

第一辑

你 只 是 看 起 来 很 努 力

纠结，只因有一颗纠结的心

　　你总是左右摇摆，不知道该如何取舍，不断问自己究竟选择什么才合适。有意思的是，花费了许多的时间和精力，牺牲了无数的脑细胞，你可能发现，你的纠结、忧虑多半是多余的。

　　为什么我们在很多的时候总是感到纠结和忧虑呢？是真的遇到了难以做出选择的人和事吗？

　　其实未必。要知道在大多数情况下，我们的烦恼往往来自于我们自己，是自己在跟自己较劲。比如每天中午用餐前，有些人可能会感到很纠结。因为公司附近的餐馆都去过，早已经吃厌了。想要换换新口味，却找不到可口可心的餐馆……总之，在没有用餐前，为了要吃什么的问题会纠结上好一阵子。

　　但实际的结果呢？最终还是走进了一家本来不想进的餐厅，点上一份原本不想吃的食物，坐在那儿慢慢把它吃完。

　　人就是这么奇怪，甚至难以理解，为一些无力改变，也没有办法改变的事而徒生烦恼。在烦恼了一段时间之后，又不得不接受了这一现实。

　　面对生活中经常出现的这种不情愿的选择，倘若我们在接受它们时表现出一种顺其自然的适应，或许也能乐在其中。可惜的是，我们的这种选择，却常常表现为一种被动的接受，并在这种被动的接受过程中感受着人生的不快乐。

这或许是有些人自觉人生不如意事常八九的真实原因吧。

你或许常常听到有人向你抱怨，说什么他们一天到晚有着忙不完的活儿。他们如此勤奋，却看不到真正的改观和改善，他们始终感叹着人生的各种不如意、不理想、不快乐、不自由，由此，日复一日的忙忙碌碌所换来的不是成功，而是身体上的疲惫不堪和内心的焦虑、忧虑。

为什么会这样呢？说实话，他们只是被动地选择了接受现实，被动地选择了接受眼前的一切。他们的勤奋和努力，只是一种不甘心却又迫不得已的勤奋和努力。

像这样，他们是不可能享受到人生的美好、幸福和快乐的。他们的天空，始终漂浮着冲不散的忧虑乌云。

"我不这样怎么办？再怎么着我也得活下去啊！如果不这样的话，我吃什么、喝什么？"

很多人会发出类似的感慨，再加上说这句话时的语气和表情，让我们觉得他是那么的不幸。但是，很少有人明白，他们的这种不幸恰恰就是他们自身造成的。就拿上面所说的吃午餐的事来说吧！既然我们明知道必须要吃，而最后的结果也是吃了。那么，为什么还要为此感到纠结和忧虑，并牢骚满腹和怨天尤人呢？为什么不换一种心境，在吃的过程中好好品尝一下食物的味道呢？如果那样，我们可能会发现，这些我们原本不怎么想吃的食物，却蕴含着生活的另一种营养和另一种美味。

"让我们感到纠结、焦虑和忧虑的，并不在于事物的本身而在于我们怎么去看待它们。"

这句话，我不记得是从哪本书上看来的，还是别人跟我说的。但它却告诉了我们获取美好人生，让自己活得更快乐、轻松和简单的办法。那就是，把命运握在自己手中，换一种心境、态度去面对人生。

如果我们能认识到这一点，并有所改变，那么，我们的勤奋和努力，才能真正获得"天道"的酬答，而人生也会因此变得与众不同。因为，这一切都是你自己愿意做的，是积极主动去做的。

我们要想拥有幸福美满的人生，自由而快乐地活着，就必须让自己从人生的被动式中解放出来。因为，现实生活很少会和我们所期望的那样吻合。虽说我们有选择的权利，但千万不要忘记：选择是有一定限度的，是双向互动的。

我们想上哪家公司就能到哪家公司上班吗？我们想要在公司担任什么职务就能担任什么职务吗？

这可能只是在我们心中尘封已久的梦想。我们都知道梦想不是单单靠"想"就能实现的，还必须通过勤奋和努力才能实现它。既然如此，我们为什么不把握住当下所拥有的一切，让自己变得更加积极主动起来呢?

　　无论我们的人生理想和目标有多么的伟大,也不管我们希望能过上如何快乐幸福的生活。但,要想让它们变成现实,就必须努力去做,做出应有的成绩。这是千古永恒的真理。

　　既然如此,我们为什么还要抱怨,还要说什么这也没有办法那也没有办法呢?当我们换一种心境去面对,坦然而乐观地接受眼前的一切,把被动的"勤奋"变成主动的追求,就能发现通过勤奋所换来的改天换地的乐趣和震撼!

有时，我们是为了焦虑而焦虑

我们身边常常有动不动就唉声叹气的人。他们就像裹着浓浓的忧郁前行。难道，他们的人生真的就是如此不幸吗？实际上，并非如此，大多数的时候，他们只是因为焦虑而焦虑。如果他们知道为什么焦虑，或许就不会那样了。

记得在上大学时，我有一位来自东北的室友。他一天到晚皱着眉头，难以看到在那个年龄应有的阳光和轻松的笑脸。他动不动就会发出几声无奈的叹息，似乎遇到了无法解决的事。

对于他，我多多少少有一些了解。他是独生子，家庭条件不错。据他自己说，来读书前，父母便已把以后很多的事都安排好了，例如工作。至于情感，似乎也没有可能，因为他正处在热恋中，女朋友是我们系的系花。

他有什么好焦虑和忧虑的呢？我和其他的室友无法明白。

"你一天到晚唉声叹气，有那么多烦心的事吗？到底烦什么呀？！"

一次，有位室友实在忍不住了，问他。

他回答得很是奇葩。在用一种无奈又极其忧郁的目光看了我们一眼后，他说他自己也不知道，如果知道的话就不会这样啦！

他之所以烦恼，是因为不知道为什么烦。是不是有点神逻辑呢？

当时，我只是觉得搞笑。随着时间的流逝，经历的事越来越多，我才渐渐体会到他那句"神逻辑"回答的真正含义。

现实中，那些总是处在焦虑和忧虑状态中的人，有几个是真正知道自己焦虑和忧虑的是什么呢？如果，他们真的知道，恐怕也就不再焦虑、忧虑了。

雷，是一个脸上总带着微笑，很阳光的小伙子。在他的生命里，似乎从来就没有什么烦心的事发生。

他真就那么幸运吗？

我刚认识他时，他烦心、感到焦虑和忧虑的事很多。例如，工作不稳定；老母亲体弱多病；自己年纪已经不小了，还没有对象等。可是，这些都没有让他觉得焦虑和忧虑，依然积极快乐地生活和工作着。

我问他遇到这么多不顺心的事，怎么一点都不烦躁。

"我都知道了这些，也知道自己该怎么做，又有什么好焦虑和忧虑的？"

他微笑着回答我，并说了上面这段话。

是啊！正如他说的那样，当我们知道了焦虑和忧虑的是什么，积极主动面对，不就是可以化解吗？

令人遗憾的是，很多人却难以清楚让自己焦虑和忧虑的是什么，只是觉得心中不安而已。有人可能说，这是由于人类自身所拥有的不安全感和自我保护意识所致。看起来是如此，但最根本的原因，还是没有真正地认清自我，被社会上的人和事以及一些现象所影响。如此的生活状态，就像是江水中的一片枯叶，不知道会飘向何方，更不知道命运如何，能不焦虑吗？

"在很多时候，我们焦虑是因为不能具体知道所焦虑的是什么。"

这句话听起来拗口，但事实确实如此。仔细想想，你觉得不安，感到焦虑和纠结，但是能说清具体是为什么如此吗？

说真的，我们很多人在大多数情况下无法说清。倘若我们真的知道，也就没有时间去焦虑和忧虑了，而是想着如何化解。

别再为了焦虑而焦虑了。在这繁华而浮躁的时代，适当放慢一下自己的脚步，给自我一点时间，静静，想想。当你真正地知道自己人生追求的是什么，对于你来说什么是最重要的，并给自己一个清晰而明确的人生目标。你心中的焦虑和忧虑，便会慢慢变淡。

普通的人因为焦虑而焦虑，那些人生中的强者，真正懂得人生的人，则是直面自我的焦虑和忧虑，找到真实的原因，用行动去化解。

"你真的知道因为什么焦虑和忧虑吗？还是因为焦虑而焦虑呢？"

　　这是我在这儿要问你的一个问题。只有弄清楚这个问题，你才可能知道哪一条才是你真正想要走的人生之路。

　　这是我们走出焦虑和忧虑的人生，通往美好幸福人生的第一步。

别焦虑了，不是你一个人在苦撑

为什么焦虑的感觉如同影子般挥之不去？最为简单、直接的原因，就是想要得到的不能得到。那些想得到却难以得到的，多数情况下，是因为看到身边的人大多如此，所以，你觉得自己的人生也应该那样。

为什么焦虑和忧虑，这似乎是一个不是问题的问题。或许，你想都不用想就会说出很多个理由。如，人在内心深处都存在着一种焦虑不安心理，这是人的本性；工资不见涨，房价、物价像火箭蹭蹭地升，现实压力大……这些理由听起来蛮有道理，但是真正的原因吗？

我和几位朋友曾聊起过这方面的话题。

"我们不满、焦虑和忧虑，是因为现实与想要的差距太大，却又觉得无力改变。"

这是阿文的观点。

阿文是一家公司的文案策划，平时就喜欢思考。他说出这一观点，我们大多表示赞同。仔细想想也是如此。如，在职场中，让我们感到焦虑和忧虑的，恐怕就是原来觉得在这家公司能得到较好的发展，现实却是自己的位置说不准哪天就会被人取代；原本认为在努力一段时间后会做出一番成绩，并因此而过上高品质的生活，实际上……

我们觉得人生应该是这样，但现实却是那样。两者之间相差十万八千里，焦虑和忧虑就很正常了。

你是不是也赞同这一观点？

"让我们真正感到焦虑和忧虑的，并非是我们内心真正想要。"

就当我们在感叹现实是如此的残酷，生活是那样的艰难时，叶子冷不丁地问了我们这样一个问题。我们在听到这句话后，不约而同向他看去，目光中充满了疑惑不解。

叶子找了笔和一张纸，飞速地写下了几行字。

"房子；
车子；
有多少钱；
要做高管或者是自己开公司；
……"

他边写边问我们，是不是有房子就不焦虑了；是不是有车子就不焦虑了；是不是银行账户上有 100 万、1000 万就不焦虑了……在他连珠炮一样的追问下，我们沉默了。之所以沉默，是因为我们清楚，即使拥有了他所说的一切，我们同样会感到焦虑和忧虑。

叶子越说越兴奋，在极其快速有力地划掉刚才所写的字后，接着写了一个大大的字：

我

这就是叶子所写的字，一个几乎写满了整张纸的大大的"我"字。

"我们焦虑和忧虑，其实就是忽略了自我，没有真正地弄清楚对我们自己来说最重要的是什么。所焦虑的和忧虑的，实质上是受到社会和身边人及事的影响，去追求一些原本不是自己想要的，甚至是自己的能力所不能达到的……"

叶子在写完那个大大的"我"字之后，情绪激动地说了上面这段话。

"哥的幸福你看不懂"，猛然间，我想到了在网上看到的这句话，并有了一种顿悟的感觉。

仔细想想，那些让自己为之焦虑和忧虑的事，又有多少是自己想要拥有的呢？不是因为受到身边的人和事的影响，用他人的一种幸福和成功的标准去定位自我的人生吗？可惜的是，我们看到的只是别人成功后的光彩鲜亮，没有考虑适不适合自己，自己能否做到。

　　在这个世界，每个人都有属于自己的路。只有走在自我的人生道路上，我们才能释放出自我的能量，欣赏自我人生旅途的美妙风景。而我们很多人的焦虑和感到无能为力，只不过是在努力、拼搏时，忘记了带上"自己"。

你只是看起来很努力

从小就听父母或者老师等长辈跟我们说，只有勤奋努力才会有出息。我们牢牢记住了，也是这么做的。可是，我们奋斗努力了那么多年，为什么人生没有多大改变？难道父母跟我们说的话是骗人的吗？其实，我们的勤奋、努力，在很多的时候，并不是自动自发，而是迫不得已。

几年前，也就是在我大学毕业已经三年的时候，我的状况很糟，而且不是一般的糟：工作不稳定，没有经济来源，居无定所，四处租房栖身，就连每个月的房租都难以按时交给房东。

我的学历虽然不算高，但好歹也是大学毕业生啊！我不相信自己能力欠缺，在校期间还当过班长、校刊的主编呢！同样，我也自认为是一个较为勤奋努力的人。别的不说，至少我每天都准时上下班，还经常加班……可是，为什么我的处境仍然这样悲惨，让我看不到前途，看不到希望呢？

那段时间，我情绪十分低落，甚至已沦为一个悲观的宿命者，怀疑自己可能就是这种不幸的贱命鬼。我动不动就抱怨、发牢骚，满嘴都是消极、负面的语言。久而久之，我被朋友圈封为招惹不起的"负能量君"和"抱怨哥"。

我悲观地认为：这辈子，我可能就副德性了。虽说我心有不甘，但是我却没有办法不接受。

幸运的是，一位朋友的话点醒了我。

"你老是抱怨，认为自己这辈子也就这样过下去了。那么，我问问：你知道人们之所以要勤奋努力的原因吗？"

这是我的那位朋友不经意间所说的一句话。这句话竟然让我发生了像地震一样的改变！

你或许对这句话中所蕴含的震撼力量有所怀疑。因为，这句话是如此的普通，怎么会促使我发生如此巨大的改变呢？

确实，这是一句普通得不能再普通的话，如同跟人打招呼、寒暄的常用语一样普通。但是，又有几人能够真正地想过类似的问题呢？

如果，你真的思考过，那么，敬请发布一下你的答案吧！

"勤奋努力，不就是为了自己活得更好一些吗？"

大多数人连想都不用想，就会说出上面的答案。

没错，我们之所以勤奋努力是为了让自己过得更为幸福和美好。

可是，为什么不少人却像当年的我一样，虽然勤奋努力，但仍然处在人生不如意的状态，不仅难以感受到生活的幸福和美好，反而还越努力仿佛越糟糕、越焦虑呢？

既然勤奋努力是为了更好地活着，让人生变得更为幸福和美好，出现这种大不如意、甚至完全相反的结果，似乎有悖逻辑，有失科学常理！

事实上，我们大多数人认为的勤奋努力是为了生活得更加幸福和美好，只不过是一件美丽的外衣罢了。

"现今社会竞争如此激烈，我能不勤奋、不努力吗？再不勤奋、努力，说不准连工作都保不住，连温饱都成问题，还谈什么人生的幸福和美好。"

这或许才是大多数人的真实心理，所谓的努力几乎都属于不得已而为之的情况。

先求生存再求发展，似乎并没有什么不妥，因为现实很残酷，我们首先要解决衣食住行的问题之后，才能有机会和条件去想一些其他的事情。

但这一切同样会影响到我们对待人生、对待生活的态度、情绪以及眼下通过勤奋努力所得到的结果。

因为，我们的这种勤奋努力，不是出自于内心和真心，实在是迫于某种现实不得已而为之的。

"你当我愿意这样啊！但是，我不这样能行吗？"

这就是这种心理的潜台词。

正是因为如此，现实中，我们常常会看到许许多多"勤奋努力"的人，一边辛勤工作，一边发着牢骚；很难看到开心、幸福的笑容在他们面上浮现；更为重要的是，他们虽如此的勤奋努力，但最后取得的成绩甚微，并不能真正改变自己的命运。

他们如此勤奋，如此努力，却又仍然如此焦虑和忧虑，原因又在哪里呢？

回想当时的情景，那时，我虽然很勤奋努力，但仍然摆脱不了人生的困境，其中有一个很大的原因，就是看不到希望，看不到曙光。随着经历的事情不断地增多和深入思考，我渐渐明白了一个道理。这个道理简直就像公式一样在我的头脑中逐渐清晰。

"勤奋努力的目的→态度→行为→结果。"

敬请记住上面这段文字，并问问自己，自己的勤奋努力是自动自发的，还是不得不做的？倘若，你觉得你的勤奋、努力，是一种不得已的行为，那么，实际情况是：你只是看起来很努力而已。你所谓的勤奋和努力，根本不会给你的人生带来足够大的改变。

想要，还是一定要

想，或者想要，只是脑海中闪过的念头。要改变人生，要的不是想法，而是要有不达目的誓不罢休的决心和行动。否则，一切都是美丽的肥皂泡，留下的只是对残酷现实无能无力的哀叹。

六子在现在的公司工作了近 3 年。他工作认真努力，虽不能说是公司里面最优秀的员工，但跟其他人来比要好很多。

一天，他极其委屈并愤慨地向我抱怨，说不想再干了。

这让我有些不解，因为在不久前，他还问我是不是有兴趣上他们公司，并说了许许多多公司是多么好的话。于是，我便问他为什么。他告诉我，他在那家公司做了这么久，只加过一次工资就没有再加过。他说他现在的薪水都没有新进来的同事高。

因为薪水而对公司不满，以至于不能认真地面对自己的工作，甚至是辞职，这在现今的社会是很正常的事。我理解他，同样知道，他并非是那种只是单纯地把薪水当成是唯一工作目的的人。他之所以如此，可能真的是他的劳动付出与所得到的报酬不成正比。

于是，我便劝他，问他是不是真的想离职，如果不是，为什么不把自己要提工资的要求说出来。

"我要，他能给吗？"

当我说完那些话后，他充满了疑惑地看着我，问。

虽然对我的这种说法有所怀疑，但他最终还是敲开了老板办公室的门，说了要涨工资的要求。结果，老板满足了他的要求。

在这儿，我不由得想起了《大话西游》——周星驰主演的这部堪称经典的影视作品。想起了罗家英饰演的，就像是苍蝇一样嗡嗡叫的话痨唐僧，手拿着可以穿越时空的月光宝盒对悟空说的一段话。

"你想要啊？悟空，你要是想要的话你就说话嘛，你不说我怎么知道你想要呢，虽然你很有诚意地看着我，可是你还是要跟我说你想要的。你真的想要吗？那你就拿去吧！你不是真的想要吧？难道你真的想要……"

在第一次看《大话西游》，在听到唐僧极其流利地说出这一段宛若绕口令一般的大段话时，我都快笑喷了。

唐僧说的这一大段话，听起来像废话，何尝不是现实生活中不少人的心理或者状态的一种写照？"想要"和"说出来"，分别代表着人生中的被动和主动。我们要想真正地成为自我人生那部电影的主角，让自己的人生变得丰富多彩，就请除去"想要"中的那个"想"字吧！因为，"想要"只能说明你有那种想法，希望得到什么，始终是停留在意识层面的；"要"则是实际的行动，更是对自我所提出的一种要求，是一种把命运掌握在自我手中的积极行动。

"你是想要，还是一定要？不要就永远不会有结果。"

把这句话牢牢地记在心里吧！让自己变得积极主动一点，用自己的行动去丰富自己人生的那部电影。否则，你一辈子只会跑龙套，成为他人人生的陪衬，在看到别人演绎着精彩人生时，抱怨世界的不公！

你之所以受伤，只因为你太"现实"

要想改变自我的人生，不能脱离现实，如漂浮在空中的云彩。但，我们同样不能太过于现实。倘若如此，我们便会在无形中被现实所牵绊，难以真正地大展拳脚，被现实所伤害了。

乐很不爽，让他不爽的是，他觉得自己的上司不近人情。因为，那天早上，他像以前一样早早起床，洗漱完毕后到小区附近的公交站等公交车。他每天都是如此，大概在这个时间来到公交车站，从来没有迟到。可是，那天他迟到了。原因是堵车，而且堵得出奇，就像全世界的车子都跑到这条道路上。

乐在跟我说起这件事时，觉得自己比窦娥还要冤。他说他又不是故意迟到，而且为了节省时间，在还没到站时就下了车，跑着去公司的。

听乐这么说，感觉他确实是挺冤的，上司说他确实有点不近人情。但换一种角度从结果去看，他确确实实是迟到了啊！迟到了被批评几句也无可厚非。

这虽说只是现实生活中的一个小插曲，但显示的却是人生的一种态度。

"不是我没有去做，也不是我不努力，而是现实的条件如此，我没有办法。"

乐之所以觉得委屈，认为上司不近人情，并抱怨，这就是他的潜台词。这不仅仅是乐的潜台词，也是许许多多人的共同心声。当然，他们的人生处境都不会太好。

"他们太过于现实，所考虑的事情太多，以至于忽略了自我，被外界的条件限制、束缚了手脚。"

原因就在于此。

没错，当我们在做一件事的时候，不能忽略现实，同样也要考虑到相关的条件。我们这么做，是要让自己知道在哪方面存在不足，应该积极主动想办法弥补。但让人遗憾的是，不少人却并不是这么想的，他们在发觉到自我条件不成熟或者不足时，便觉得自己是不可能成功的。于是，便自动地选择了放弃，并抱怨自己怎么就是不能拥有那些条件。

"如果，我拥有了那些，我一定会做得更好。"

他们会发出类似的抱怨。

在我的朋友圈中，小郑算是一个较为奇特的人。早在刚认识他的时候，他就跟我说起了自己的人生理想抱负。他说他要开一家公司，一家大型的电脑网络游戏公司。转眼之间，我认识他都快 5 年了，虽说在这段时间内，他还偶尔说起他的伟大人生理想，但没有看到实际的行动，他还在一家电脑网络公司做程序员。

有一次，在一起聊天的时候，我便笑着问他还准备开电脑游戏网络公司吗，是不是已经不打算开了。他听到我这么说，显得有些尴尬，挠了挠头跟我说，他从来没有忘记这件事，做梦都想把它变为现实。我说那么怎么还没有看到你有任何的行动呢。他面有难色地告诉我，说我不知道其中的难处，例如租场地、买电脑等需要一大笔钱，还有管理等等。

虽说他说的这些都是现实的问题，但是在我看来，除非出现奇迹，否则，我是无望看到他的这家网络公司开张了。

他就是一个太过于现实，并且考虑得太多的人。像这样的人，他们的人生是被动的。同样像这样的人，永远不可能会成为人生的主角，永远会在他们所认为的一些现实条件不成熟或不足的杠杆下浮沉。

"如果真的跟你所说的那样什么都有了，还要你干吗？"

在这儿，我忍不住想要问那些总是在抱怨现实条件不成熟或者不足的人。

事实上，那些让我们羡慕的成功人士，在今天，他们看起来有了一切足以让他们成功的条件和资本，但是在他们开始创业的时候，是不是就已经拥有了这一切呢？

人生，要么出众，要么出局

除非是有自虐倾向的人，我们都希望自己是幸运的宠儿。然而，我们却总是发现，幸运似乎跟我们一毛钱关系都没有，都是别人的；反之，我们避之不及的各种不好的事，却如同我们的铁杆粉丝。这究竟是怎么回事？难道我们是天生的倒霉蛋吗？

如果世界上真的有"衰神""扫把星"等神话传说中的人物存在。那么，他们可能真的是喜欢秋。因为，自我认识她以来，就没有看到有什么好事在她身上发生过。在这儿就简单地说几件事吧！

一次，她高兴地告诉我们，说她们的领导私下找她谈话了，准备给她升职。可是，没过几天，她竟然被公司婉言辞退了。

还有，她好不容易认识了一个各个方面都不错的男孩子，那个男孩子对她也不错。没过多久就确定了恋爱关系，据说都快要到谈婚论嫁的阶段了。我们还未来得及替她高兴，她又给了我们一次震撼——她跟那个男孩子分手了。

……

诸如此类的事情很多很多，一一例举出来都能拍一部让人潸然泪下的电视剧，只不过这部电视剧的情节较为单一，那就是倒霉、倒霉……

"你们说说，我怎么就这么倒霉，什么不好的事都会让我遇上。"

就连她自己都嫌弃自己，常常发出类似上面的抱怨。

人人都希望自己的人生事事顺意，少一点挫折和磨难。可是，为什么有的人却像秋那样，诸事不利，一直"霉星高照"；有的人却总是那样的幸运，人生的道路一马平川，几乎没有任何坎坷呢？

难道，我们的人生真的是命运安排的结果吗？

很多时候，当我们在不如意的处境中，会以命运来安慰自己。有的人可能还会搬出"命里有时终须有，命里无时莫强求"这句话来宽慰自我。如果，人生真的是由"命运"所决定的，我们又为何对于自我的处境感到不满，希望能有所改变呢？

"在我们很多人口中所说的命运，只不过是甘心接受被动的一种借口！"

这才是许多人经常把"命运"两字挂在嘴边的真实心理，同样是他们人生充满了各种各样的挫折，总是被"霉运"照顾的根本。我们的人生是由自我抒写的，也没有谁能知道下一秒究竟会发生什么。我们所能做的，就是积极主动把眼前的事做好，得到较好的结果。我们的人生，就是由无数这样的事情构成的，而结果的好坏，就是我们常说的好运或者霉运了。

在秋看来，她是如此的不幸，似乎成了"倒霉"的代名词。

实际上，她怪不了别人，要怪只能怪自己。因为，在这已过去的岁月中，她始终处在一种被动的状态中，从来没有觉得那件事是她自己应该做的，并要求自我做好。

就拿工作来说，她总是以为自己是在给老板打工，是在给老板工作。

试想，她能积极主动地面对自己的工作，能把工作做好吗？而当她没有给所在的公司创造出应有的业绩，老板和上司又怎么会对她另眼相看呢？

还有就是，她跟她那位男友的事。

她仍然是处在一种被动的状态，就像是一位"女王"，很少会积极主动走近对方，给对方做一些事。即便是对方在过生日的时候，也不会主动给对方打一个电话，就连在微信、QQ上都没有留下类似祝福的话。

她的那位男友，人长得帅，其他方面的条件也不错，可以称得上是一些女生眼中的"男神"，又怎么不会有其他的女生追求呢？当他人主动，而自己被动时，秋又怎能俘获对方的心，携子之手与子偕老呢？

"越是主动的人越是好命。被动，只能在不满和抱怨中徘徊，最终成为不幸的代言人。"

别相信广告里面"滚到碗里来"那句鬼话。我们要吃到美味的巧克力，就要主动伸手去拿！这才是人生，才是幸运的人永远幸运的密码。

好人生，你欠缺的就是那么一点主动

如同是向风车巨人挑战的堂·吉诃德，在与无数的困难、阻碍争斗之后，你可能真的已心灰意冷，但心仍有所不甘，牢骚抱怨，用无数不怎么文明的字眼问候这世界。殊不知，所有的一切，只是因为我们欠缺了那么一点点直面现实的勇气，以及少了那么一点点积极主动的行动。

一天晚上，我在电脑上码字儿。突然，电脑显示屏右下角的"小企鹅"闪烁不停。我顺手点击开，看到"幸福在远方"发过来的信息：

"人怎么活着这么累啊？为什么别人活得那么幸福，而我却像是从来不知道幸福是什么滋味！"

"幸福在远方"是我的一个 QQ 好友，时常会发一些生活是多么的艰难，活着不开心、不容易之类的信息。因为她是通过搜索而添加我为好友的，所以我便很少回复。而在那个晚上，我不知道哪儿来的兴趣，便随手回复了一条信息，问她怎么了，怎会有如此的感慨。

她似乎找到了倾诉对象，向我倾倒她的烦心事。她所说的，也是时下困扰着我们，让我们幸福度降低的一些事，例如每天累死累活的赚不了多少钱，而房价、物价却高得吓死人；老板就像吸血鬼，每天就知道让人加班加班，而从来不提加工资的事……她说了很多很多，但是让她发出上面那句感慨的，便是在那天白天发生的事。她的老板交给她一项工作任务，她也是按照老板的要求去做的，可是，老板却十分不满意，不由分说批评了她一顿，还说什么她是不是不想做了，如果不想做的话，可以走人。

"你说说，哪有这样的老板；你说说我，我哪儿做错了吗？我可是按照他所说的去做的啊……"

她开始抱怨起来，如滔滔江水连绵不绝。

我劝解、安慰的信息还没发送过去，她又发送过来如下的信息：

"我为了把这件工作做好，中午都没休息。我真的不想替他干了……"

接下来她发送过来的信息，大多数是类似的内容。而在这些信息中，"替他""实在没有其他的办法"之类字眼频繁出现。而也就在那一刻，我也知道了她处在目前的处境的原因——被动。

她始终处在一种被动的状态中，无论是工作，还是其他的事情，都不是发自于内心积极主动去做。

或许，你会说她为了把老板交给她的工作做好，都牺牲了中午休息的时间。这还能说被动，不是积极主动吗？

没错，她看起来确实是积极主动，但是这种积极主动就值得质疑。因为，她的这种主动，并非是自己心甘情愿这么做，而是在老板的要求下的一种主动。如果，老板不交代她工作，没有提出相应的要求。她会像她说得那样去做吗？如果她是真正的积极主动，又怎么还会有所抱怨呢？

很多时候，我们无法感受到生活的幸福，觉得累、烦躁等，就是因为我们的主动是一种被主动，或者说是完全的被动。而我们要想改变，就必须有所改变。而这才是人最简单、最智慧的活法。

"即便是随风飘落的一枚树叶，也要在飘落地面前尽情舞蹈。"

这是我与智在一次聊天的时候，智所说的一句话。当他在说出那句话的时候，已经很少感动的我突然间感到了莫名的感动。让我感动的，不仅仅是这句话，还有他的行动。那段时间，可以说是至目前为止，他处在人生低谷期：所在的公司，由于经营不善倒闭了，他自然失业；年老的父亲检查出患有一种极难治愈的病症；说好了年底结婚的女朋友，在没有任何的征兆下结婚了，而新郎不是他……如果换作其他人，在经受这一连串的打击后，恐怕早已崩溃。可是，这一切对他似乎没有任何影响，反而让他变得更为斗志昂扬。

在那段时间，他每天都在忙碌，积极主动而且认真地做着每一件事。我们几个平时跟他关系不错的朋友看着都觉得累。我们以为他可能是受不了那些事刺激，于是便找机会劝解、安慰他；小心翼翼地去引导他。但是，我们却发觉是自己想多了，他并非是因为受到了刺激，而是他对待人生的态度就是如此。他很快又找到了一份工作，并深得现在的领导赏识；而他的父亲，也因为被他接到身边，在经过医院的治疗和他的悉心照顾下，病情有所好转……

"人生，在很多的时候看似没有选择，但我们可以选择以一种什么样的态度面对。当我们以一种积极主动的态度去面对人生。人生，自然会春暖花开。"

猛然间，我的脑海中突然跳出这样一段话来。

当我们在抱怨生活，在控诉着生活中的各种无能无力时，为什么不想想，我们是以一种什么样的态度去面对人生的呢？是在生活的压力下，努力奋斗；还是选择了逃避呢？

其实，我们之所以难以实现自我的人生价值，获得自我所想要的美好人生，少的就是积极主动的精神，多了一点点被动。

什么是人生？

人生，其实就是一种担当；

人生，更是一种责任；

人生，更是一种互动。

被动，便会让我们不敢担当；

被动，就会让我们推卸责任；

被动，就会让我们难以以一种正确的态度面对人生。当我们在对自我的人生不满和抱怨时，我们得到的也是充满了不满和抱怨的人生。

你需要的是这样的人生，你想要如此过一辈子吗？

第二辑

守住初心，才能将生活过成诗和远方

//////////////////////////////////////

你，不是他人的影子

人生的成功不是临摹他人成功的范本，而是发挥自我优势，形成有自我风格的作品。

欣，在我所认识的人中，是一个头脑比较灵活，较为聪明的人。当然，他也有着一定的能力，在写文章的时候，抓的点很准，文笔也不错。记得，在跟他在同一家文化公司工作时，他的选题以及他亲手编撰的一些书籍，往往会得到老板的好评，并且市场反响不错。

按理来说，凭借他的实力，迟早会在图书出版界取得一席之地。虽不一定能成为呼风唤雨式的人物，但至少也会做出一番成就出来，一说起图书出版界也会有人知道有这么一号人物。

然而，让人遗憾的是，这个不仅仅是我，就连许多做图书出版的人，都觉得肯定能在图书出版界有所发展的人，其目前的处境却不甚令人满意。直至今日，他还经常性地要找我或者其他的一些朋友"周转"——借几百几千元渡过一时的难关。

他之所以处在这种困境中，说得简单一些，就是他总是羡慕别人，一旦看到某人成功后，就会追随，希望能跟对方一样获得成功。例如，他在做了一段时间的图书出版后，看到身边有人做药材生意赚钱了，便转行做药材；做了段时间见没有得到想要的结果，看到有朋友做金融弄得不错，又转去做金融⋯⋯

"你看到别人做成功了，你就能保证自己也一定能成功吗？"

我和几位平时跟他要好的朋友，见到他这种状况，便总是想找一个机会劝劝他。有一天，在我们几人相聚时，其中有一位问了欣上面这句话。

欣掩饰地笑了笑，说既然他人都做成了，他怎会不成功？

毫无疑问，欣的这句话，道出了时下很多人的心理。从表面上来看，确实有一定的道理。是啊！他们能够成功，为什么我们就不能成功呢？可惜的是，像这样的人，所看到的只是最终的结果，却很少会去想取得这一结果所需要花费的时间、精力，以及相应的条件和资源。

他们想要的只是获得成功的享受，这才是他们看到别人成功后跟风、模仿的关键，也是他们心中最为真实的想法。而这种思想意识，则正是限制他们自身能力发挥的最大束缚，也是让他们迷失自我，陷入被动状态的根本。

"任何的成功，都是有其理由的。"

很多时候，很多人就是没有想到这一点，所想到的只是别人能成功，那么我也就必然会成功了。这似乎是一种积极主动的态度，但实则是把自我人生的主动权交了出去。

因为，在这个世界上，我们每一个人都是不相同的，家庭出身、所受的教育、经历的事情等等，这一切，决定了我们在哪些方面有所特长，以及拥有什么样的资源条件。而对我们每一个人来说，要想把任何一件事做好，所需要的不就是要充分地发挥自我的优势和所掌握的一切资源条件吗？

"当我们在羡慕他人的成功，而想要成为他们一样的人时，不就是放弃了自我本身的优势，去做一些不擅长的事吗？如此陷入被动的状态，又怎么能获得成功呢？"

这或许就是我们在这个残酷而现实的社会中，走出人生的被动，活出自我风采所不能忽略的一句话。欣，我的那位朋友，他不就是因为忽略了这一点，而使得自我的人生陷入了困境吗？倘若，他在图书出版界坚持下来，凭借他的能力和资源，又怎么能不取得一定成绩呢？

要敢于和世界不一样

因为前面已有成功的范例，我们自然而然认为模仿、跟风的风险会降低。殊不知，当风险降低的同时，我们也限制了自我能力和优势的发挥，失去了扩展自我人生成就的诸多良机。

一说到模仿、跟风，我不由得想起了读高中时的一件事。那时的我，喜欢看小说，尤其是喜欢看金庸的武侠小说。也就是因为如此，我跟学校附近的一家租书店的老板关系很好。他进了什么新的小说，都会先通知我。

有一次，他又从武汉图书批发市场进了一批新书。当我得知后，就在那堆新书中挑选。突然间，一套署名为"金庸新著"的武侠小说出现在我眼前。我想都没想就租下了这套书。然而，当我满怀着喜悦的心情翻开书后，这才发现这套书压根儿不是金庸先生的著作，更不是什么金庸先生的新著作，而是一个叫做"金庸新"所写的。

这是我遇到的最早的跟风与模仿作品。而在以后的日子里，遇到类似的跟风、模仿商品就更是举不胜举了。其实不用多说，我们都知道像这样的跟风、模仿商品，是难以真正在市场上立住脚跟并取得良好经济效益的。可是，为什么还是有那么多的商家，会乐此不疲地跟风、模仿呢？

在闲暇时，我跟几位平时关系不错的朋友也说到相关的内容，得到的是这样一个结论，那就是借助成功的商品之势，可以有效地降低和规避相应的风险。在竞争激烈的市场中，可能是稳妥之举。但，这也恰好限制并阻碍了我们的自身发展。

因为，这种跟风、模仿，看似是较为稳妥的做法，实质上却是缺乏自信的表现，对自我认识不清，没有一个明确定位和目标。上面说的那位在看到别人的成功后，不断地改换自己的行业，而到目前还一事无成的朋友。他之所以陷入到目前的困境，不就是因为如此吗？

"缺乏应有的担当之心，害怕困难与挫折，总是期待着以最小的努力获得最大的成果。"

这就是那些在看到别人成功后，模仿、跟风者的真实心理。可是，在这个世界上，我们要做好任何一件事，要想获得应有的成就，又怎能不需要有勇于担当的心，又怎么会不遇到相应的困难与挫折呢？即便是，你认为前面已经有了成功的典范，但你也要知道，那些已经取得成功的人，在通往成功的旅途中，又何尝不是遇到了诸多的困难与挫折呢？

可能很少有人会想到，那些成功的人士，他们之所以成功是因为走了一条适合于自我的道路。他们有能力，并对解决一些阻碍他们前进的困难和障碍有着一定的优势。我们会有着同样的优势吗？

"在我们认为可以借鉴别人的成功经验的时候，往往是给自我的双脚套上了脚镣。"

他是因此而成功了，是因为他有着这样的资本。你有吗？就当我们看到别人获得了成功，也想像他们一样时，我们就开始忽略自我，在不知不觉中向被动的人生状态迈进了。在那个时候，我们或许已经放弃了自身的优势，在做自我不甚擅长的事。就如同，前去参加运动会，我们的特长本来是跳高，却选择了举重。

试想，这样又怎么能取得好的成绩呢？

除了你，没有人能决定你的命运

人生最大的被动和迷失，是在模仿和追寻他人成功的时候，忽略了自我，看不到自我的优缺点所在，让我们在无意识间，陷入到一种迷茫以及被动的苦斗状态中。

在我们的内心深处都有那么一点点小小的虚荣，希望成为他人所羡慕的成功人士。那么，怎样的人生才是成功的人生呢？套用时下流行的一句话，那就是做最好的自己。令人遗憾的是，在很多的时候，我们却总是被"做别人"的意识所左右。在看到他人成功后，总是忍不住想要成为像他那样的人，会把他们的成功作为典范，以至于在不知不觉中，用他人的人生轨迹来规划自我的人生。不管这种规划是不是真的合适，就这么做了，并坚定地认为：迟早有一天，我会成为像他一样的成功人士。

有意思的是，却像是一句张学友所唱的歌曲中的一句歌词那样："结果不是我想要的结果！"

"你总是说某某说的，你哪天能告诉我你是怎么说的吗？"

我忽然想起了上面这句话。

这句话，是我大学同寝室的一位室友说的。他是对我们同寝室，也是班上学习成绩最好的同学说的。我还记得，在我们一块聊天的时候，当说到某件事，我们的那位学习成绩最好，堪称学霸的室友，一开口不是孔子曰，老子云，就是柏拉图曾经说过，黑格尔曾说道……他所要表达的观点绝对是引经据典，多是出自名人之口。

开始的时候，我们倒没觉得什么，甚至很佩服他读了那么多的书，知道那么多。但时间一长，就有点受不了了。于是，就有同学对他说了上面那句话。

当时，他的脸涨得通红，而在以后聊天时，他选择了三缄其口，不再发表任何言论了。

他经常引用名人的言语，其目的不就是想借此来凸显自己吗？结果呢？我想在此不用我多说了吧！

"其实，我们都有一道属于自我的风景线，而我们在很多的时候因为羡慕他人而迷失了自我，让自我的人生成为别人的倒影。"

想想，在很多的时候，我们不少人，不恰恰就是因此而失去了自我，而使得自我的人生陷入到一种难以突破的状态吗？

"人最重要的是做好自己。"

这是我们每一个人都应牢记在心的一句话，虽说你可能听得耳朵都起了老茧，觉得那只是一句空洞的、有些苍白无力的空话。但，如果你真的能做到，那么，你就能把握住人生的主动权，让你所理想的人生在现实中实现。

因为，此时，你知道自己想要的是怎样的一种人生；你同样知道自己能做什么，不能做什么，会对自我有一个明确的定位；而当你在明确了这一切后，便不会轻易被其他的人和事左右，让自我的人生向既定的方向前行。

对于康，我们现在充满了羡慕，而在这之前，却是为他忧虑、焦急。因为，他在择业时，我们都觉得他选择的是一个不景气的行业。当时，我们都劝他，让他再考虑考虑。可是，他拒绝了我们的好意，并说他一直以来就对那个行业感兴趣，并相信迟早会做出成绩的。虽说如此，但因为行业本身不景气，以致在开始的时候，他的发展状况并不怎么好。我们又一次劝他，但他依然坚定地认为那是他一生所要做的事。渐渐地，我们也不再多说什么。让人想不到的是，随着时间的推移，他真的在该行业取得了一定的成绩，而且生活的状态比我们这些曾劝说过他的人要好。

"你只要认准你所要做的事是值得去做的，并努力做好，就一定能取得相应的成功。"

当我们在羡慕他时，他说了这样的一句话。而在这句话后，紧接着的是：

"其实我们完全不用羡慕他人。我们往往是因为太过于羡慕他人而迷失了自我，让自我变得无所适从。只要我们做好自己就够了，就已经很幸福了。"

在听到他这句话的时候，我心中不由冒出了这样一句话："如果连自己都不知道自己是谁，还折腾个啥！"

你唯一能把握的是变成更好的自己

　　没有谁是我们肚子里的蛔虫，真正知道我们爱吃什么，最关心、想要的是什么……但，我们总是希望从别人那儿找到自己，却不知道，真正了解自己的人是自己。

　　我喜欢喝不加伴侣、方糖的咖啡。我觉得这样的咖啡才香，才能真正达到我想要的提神效果。也就是因为如此，每每有人看到我这样喝咖啡，大多会很是惊诧地看着我，问我像这样喝咖啡不苦吗？并建议我加点伴侣和糖。他们认为这样喝味道不错，让我尝尝。

　　就像喝咖啡，自己喜欢、适合什么样的口味，我们自己知道得最清楚。他人的建议，大多数是站在自己的角度。说一句很简单的话，他是以他自己的味觉和感觉去向你推荐的，而并非是你的味觉和感觉。

　　虽说这只是日常生活中的极其细小的事，但却说明了一个道理：我们在很多的时候是站在自己的角度，去看待认识问题的。无论我们如何保持客观、冷静都会带有"我"的影子。而这也就告诉了我们一点，只有我们自己才真正地了解自己，而我们企图从别人那儿去了解自我，大多数情况下是他们心中所期望的你是什么样子的，或者说他们眼中的你，只是他们心目中自我的一个投影。

"每个人都会坚持自己的信念，在别人来看是浪费时间，她却觉得很重要。"

在王家卫所执导的《东邪西毒》中，饰演欧阳峰的张国荣，在看待杨采妮所饰演的孝女，提着一篮子鸡蛋，在等待有人替他报仇，站了无数个黄昏日落时说了这样一句话。这句话也恰好告诉了我们，一个人是难以真正了解一个人的，所谓的了解多多少少会带有"我"的主观色彩。

有意思的是，我们很多人都知道这一道理，却总是在情不自禁地希望，以他人的眼找寻自我，并且希望别人能指出自我的不足，而去完善自我。

这看似稳妥，能让自我活得更为优秀、完美，而实际上，却会让我们在不知不觉中丧失自我，迷失自我。现实中，我们有多少人不是因此而让自己陷入到一种难以突破的困境呢？

"真正了解你的是你自己，永远不要轻易被他人的言语左右。只要你相信自己，你就能创造人生的奇迹。"

有一位年轻的画家，想要画出一幅惊世之作，而他却担心自己画不好。他便将所画的一幅较为满意的作品，摆放在公共场合，让人们提建议，指出其中的不足。几天后，当他取回那幅画，见到上面密密麻麻地写满了意见，让人觉得这幅作品完全没有可取之处。

看着这写满建议的作品，这位年轻的画家失去了信心，觉得自己真的不适合画画。于是，他变得意志消沉，每天都唉声叹气。他的一位朋友见此情景，便安慰他，要相信自己。不论朋友怎么说，这位年轻的画家都难以重拾起信心、勇气。

朋友左思右想，想到了一个好的方法，即让这位年轻的画家再拿出同样的一幅画，摆放在原来的位置，依然让人提建议，只不过是要指出是哪些地方画得不错。

当那幅画被取回来的时候，上面同样标满了各种各样的意见。上次说画得不好的地方，这次却有人说好。看到这样的结果，年轻的画家懵了，感觉脑子不够用，但仔细想了想，似乎明白了什么。刹那间，所有抑郁烟消云散。他再也没有过多地去想什么，而是一心一意潜心于书画的创作。最终他画出了一幅远超于自我水平的作品。

你要相信，没有到达不了的明天

当我们真正地认识到自我的优缺点，知道自己能做什么的时候，即便是遇到再为艰难的险阻，心中的信念都不会有任何的动摇，这并非是固执，而是对自我有着深刻了解的自信。

无论做什么事，在没决定做之前，他都会向不同的人征询意见，听听他人的看法。一个人的知识和精力毕竟有限，对于某一事物的认知亦有限，听取他人的建议，可以让我们对所要做的事有一个更为全面的认知，发现一些事先没考虑的问题，进而减免不必要的损失，把事情做到更好。

按理来说，虚心向他人请教，听取他人的意见，会有着上述的作用。我之所以说按理来说，是因为，在很多的时候，我们不仅仅并没有因此而获得成功，反而变得不知所措起来。

在我的记忆里，诚曾经跟我们说过许多具有操作性，并且极有可能获得成功的项目。可惜的是，他如今却仍然在温饱线上挣扎，发展得不怎么好。

是因为那些项目只是看起来可行吗？并非如此，那些项目他一个都没有做。

"你们越说我就越觉得心里面没底了。我看还是算了。"

既然，那些项目都还不错，他为什么不做呢？他说的这句话就是原因所在。

他在把想法说出来后，听到的人都有看法，有的说好，有的说不怎么靠谱。一来二去，他也就不知道到底该怎么办了。

类似诚的人，在现实中举不胜举。他们原本对于自我的人生有一个较为不错的规划，对于自我所要做的事，也有着较好的计划，却往往受到别人的影响，因他人一两句否定的话而否定了自己。

这一切的一切都在于他们自己，对于自我认识的不够清楚，对自我少了一份信心。

自信，是否对自我有信心，直接决定了我们人生的成败。很多时候，我们就像是困在网中的虫，面对现实感到无能为力，并不是因为那些事情真的没有办法解决，而是我们缺乏自信，对自己没有信心罢了。

诚以及许多跟诚一样的人，他们总是喜欢征求他人的意见，希望他人对自己以及所做的事发表一点看法，实质就是自信心不足，希望从他人的肯定中得到一点自信。

"信心不是他人所能给予的，而是在于对自我的一种认知，以及内心的认可。"

其实，不管他人怎么肯定我们，鼓励我们，如果我们对于自我没有一个清晰的认知，并认可自己，都是不可能真正自信起来，甚至有可能迷失自我，所谓的"自信"，很多的时候也是如同赌徒般的"坚挺"，或者说是心率憔悴的"自虐"。

此时，所谓的"自信"，只是表面上看起来坚强，不至于被"打脸"罢了。

在某个午后，一个平时很少见面的朋友来到了我这儿。我请他到附近的大排档吃肉串儿，喝啤酒。在开始的时候，他表现得还较为正常，当几杯啤酒落肚后，哥们儿就像是患有"人格分裂症"，让我感到陌生。

在没有喝酒之前，他是那样的理智并自信；在喝了酒后，他又是那样的情绪激动，牢骚满腹。他说他现在对未来，对自己所做的事一点信心都没有。曾几何时，他是那样的意气风发，大有一代伟人指点江山的气概，说所有的人都说他有潜力，所做的事是未来发展的趋势。他相信他在不久的将来会拥有一个灿烂而且奢华的明天。可是，现在……

他在发了一通牢骚后，继续说如果不是怕别人说他，他可能早就放弃了。他跟我说他真的很累，甚至是在自讨苦吃，现在都这样了还要假装坚强、自信。

"绑架"，那一刻，我的脑海中忽然间冒出了这样一个词语。而他不恰恰就是被他人的言语"绑架"到了一条原本不适合他的人生道路上了吗？

人生需要自信。但是我们需要的是对自我有一个较为清晰、公正的了解，并得到内心认可的自信，而并非是来自于他人的

"自信"啊！

在这儿，我们不妨想想，他又不是你，又怎么会对你有着全面的了解，真正知道你的优缺点在哪儿，适合做什么呢？他所认为的那一切，只不过是站在他的角度所看到的而已，同样也是按照他心中的好恶作为评判标准的。

有人说：

"臭豆腐很香，很好吃！"

你觉得一定如此吗？子非鱼安知鱼之乐的道理正在于此。

为梦想拼搏到让世界为你让路

　　人们都说越努力越幸运，然而，我们很多的人却是越努力越忧虑。缘何如此，只是因为我们少了那么一点点对于自我的认知，在奋力拼搏的过程中，受到了这样或者那样的影响，迷失了自己。

　　他在乡下长大，自小就喜欢画画并有着这方面的天赋。他把画画当成是自己的人生理想和追求。他背着画板和理想离开了故乡，前往南方的一座沿海城市追寻自己的理想。然而，因为一些现实的原因，他只得选择放弃了继续画画，而是从事了其他的行业。

　　在经过几年的打拼后，他在打拼的那座城市拥有了自己的房子、事业和家庭。他拥有了许多人想拥有的一切。但是他并没有感觉到自己的人生是多么的美满和幸福，总是觉得缺少了一点什么。于是，他经常会因为一些小事跟妻子发生争吵。

　　一天，不知道什么原因他又跟妻子发生了口角。无法抑制住自己情绪的他，甩手出门，开车出去了。或许是受到了情绪的影响，也可能是想将心中的郁闷发泄出来，他车开得很快，在驶到一个交叉路口时，因为来不及刹车跟斜地里窜出来的车相撞。当场，他就昏迷了过去。虽然在医生的抢救下他醒转了过来，但因脑部受到了重击，以至于失去了部分记忆。他失去的那段记忆，恰恰就是离开家乡来到这座城市闯荡的记忆。

他的妻子虽然感到焦急，但没有其他的办法，只能按照医生的指示去做：跟他说以前的一些事，去原来常去的一些场所……希望能让他把忘记的事记起来。可是，不管妻子怎么努力，他还是未能想起那段时间的事。出院后，他虽然被接回家，但依然跟妻子保持一定的距离。见此情景，妻子的心都快碎了。

一天，妻子从外回来，惊奇地发现他在客厅内画画。用的是他从老家带来的那块画板。妻子没有惊动他，只是在一旁默默地看着他。那一刻，妻子看到自己的丈夫另外一面，一个专注而沉浸在幸福快乐之中的人。

在接下来的日子里，他大部分时间都在画画，妻子有时间也会在一旁陪着他。那段时间，妻子感受到丈夫是真正快乐的，她也和他相处得十分融洽，感受到了以前生活中没有的幸福和快乐。那一刻，妻子猛然意识到原来自己并不了解自己的丈夫，并发觉眼前的丈夫才是最真实、最快乐的。

可惜的是好景不长。他恢复了记忆，从恢复记忆的那一刻开始，那段幸福的时光便画上了句号。他的脸上再也看不到真正开心的笑容，又陷入到与妻子无休无止的口角之中。

这是我的一位朋友跟我说的故事。他信誓旦旦地跟我说这是真事，而我总觉得是杜撰的，是他要写的一个电影剧本的故事梗概。

不管他跟我说的是真实世界发生的事，还是编撰的故事。在听完他的讲述后，我的内心深处如同有一股电流穿过。

"现在的生活真的是我所想要的吗？我到底想要的是怎样的一种生活呢？"

我忍不住问自己，检视起自己。

在这段漂泊的日子，我过得不算好也不算太坏，也拥有了一些人们所期望、追求的东西，然而，我是否真的活得快乐、幸福呢？虽说，我看起来经常脸上挂满了笑容，但我知道我的笑容并非是源自于内心深处的真正微笑，而是因为生活在这个世界的一种需要。

为什么会如此呢？因为我总是觉得我的人生有一些缺憾，然而所缺憾的是什么呢？在这之前，我或许真的不是太清楚，而在听完那个故事后，我才猛然意识到，我忘却了来到这座城市的初衷，忘却了自己想要的是一种怎样的人生。以至于在追寻理想人生的道路上迷失了自我。

"在奔跑中迷失。我们大多在追寻理想的过程中迷失了方向，迷失了自我。"

我已经记不清楚是谁跟我说过这样的一句话，或者是从某本书中看到的，或是在看某部电影或电视剧时听到的。在现实的世界中，我们有多少人不是如此呢？我们带着理想和抱负在拼搏，希望能通过勤奋和努力，让理想变成现实。可是，在不知不觉中，我们在这个五光十色，充满了各种诱惑，或者说是在现实的压力下，慢慢地忘记了原来的理想和抱负，仿佛一个蹩脚的演员扮演着与自己不相称的角色，也因此而不满和抱怨，甚至是饮鸩止渴般的欺骗自己：我现在之所以如此，是为了将来，为了拥有一个属于自己且自己想要的明天在努力。可事实呢？我们真的迷失了！

　　人生没有蛰伏，潜龙或许会一辈子潜下去，忘记那些所谓的"曲线救理想""转个弯儿来达到目的"的人生大道理，想想自己所想要的究竟是怎样的一种人生，然后放下那些不必要的牵绊去做。相信，终有一天，我们会与我们想要的人生热情拥抱。

　　因为，人的一生时间有限，每一分每一秒都在流逝。我们只有奋勇向前，才不至于令宝贵的时间白白浪费，才能活得更为真实，幸福。

幸福，不需要别人点赞

生命中真正的幸福，是来自于内心深处的一种感触，没有办法说清楚。那些渴望听到有人赞美幸福的人，恰恰正是内心幸福感稀薄的人。

当你的拇指滑开手机的屏幕，点击进入朋友圈，肯定会有很多朋友在"晒图"——坐在某某豪车内，某高档场所，某风景区等的自拍。无论是照片的背景，还是他们的表情，都传递出他们生活很悠闲、很幸福的信息。当你在看到这些照片的时候，或许会在内心中充满了羡慕，并在想如果自己能这样，那么自己的人生是多么的美好、幸福啊！

虽说我们现在对朋友圈的晒图是否真实持有怀疑的态度，认为那有 PS 之嫌，甚至知道那些晒图者并非如照片所显示的那样幸福。可是，为什么我们在打开手机，看朋友圈时，仍然会发现有那么多的人在做这样的事，不管别人是否关注，依然如此呢？

"他们这是在现实生活中找不到自己存在的价值，在刷存在感。"

我和几位朋友曾聊起过这件事，其中有一位是这么说的。

在现今移动互联网时代，微信已经成了人们最为重要的社交工具之一。他这么说虽说有些偏激，有的人可能真的就是借晒图来告诉熟悉的人，他近来的一些信息，来引导彼此之间的互动，增进情感。但确确实实有很多的人，就像我的那位朋友所说的一样，是在刷存在感。

它是一种炫耀，来满足自我小小的虚荣心，更是一种迷失。用炫目的奢华来证明自我的价值，在别人的羡慕和认为他们快乐幸福中，寻找自己人生快乐和幸福的因子。

或许，你觉得这就是他们的一种生活状态，也许你会说所想要的生活就是这样的生活——因为别人的羡慕和称赞而感到自己的价值和幸福快乐的生活。

倘若真是如此，那么他们怎么还对自己的人生充满了各种各样的不满和抱怨呢？在现实的生活中，依然焦虑、纠结呢？

自有了微信以及朋友圈晒图的功能后，玲就开始坚持不懈地上传各种各样的照片，吃顿饭，只要稍微丰盛点，在别人刚准备开始，她就会拦下来，找各种各样的角度并摆各式各样的姿势自拍，然后快速上传；到某个地方游玩，同样是要摆上各种各样的POSE，疯狂自拍……她似乎每天都生活在自怕中。而她上传到朋友圈的各种自拍图片中，看到的都是她知足、小资而幸福的写照。当你在看到她的照片时，你会觉得她生活得很在状态，很幸福。我们在看到她上传到朋友圈的那些照片时，也觉得是如此。

我们在看到那些自拍图片时，给她点赞，说她日子过得就像是神仙一样惬意，她也会回复我们微笑的表情。

"我怎么觉得自己活得这么累，而且好像找不到自己似的。"

突然有一天，就是这个整日里在朋友圈中晒幸福、秀恩爱的辛勤工作者，竟然向我们抱怨道。当时在场的几个人，在彼此对视一眼后，会心一笑，仿佛她有这样的抱怨，早在我们意料之中。其中有一个嘴巴如刀的"毒舌君"还在消遣她，说她昨天发朋友圈时，照片上还幸福得如花儿一样，怎么现在却有着如此之大的感慨。

她沉默了，尴尬了。

毒舌君得理不饶人，对她说他想不明白，在吃饭前拍一张照片，是不是饭菜会变香一些；在风景区，是不是多拍几张照片，景色便会变得更为迷人。他说她变得有些畸形，已经忘记了什么是生活，忘记了自己到底想要的是一种怎样的生活，忘记了自己应该做的事。

"人生的快乐幸福不是朋友圈晒出来的。你的快乐和幸福，也不是别人说你快乐，你就快乐；说你幸福，你就幸福。"

如同大师，毒舌君说出了这样的一段话。

在那一刻，沉默的不仅仅是玲，还有在我们在座的其他人。因为，在那一刻，我们发觉到，虽然我们似乎在按照自己的意志生活，在奋力地追求着自己的理想生活。但，我们却似乎已经逐渐地迷失在这个现实、功利的现实世界中，已经失去了原有的勇气和自信。在行走的途中，总是希望能得到他人的肯定和赞许，需要别人来肯定才能继续走下去。

　　你不觉得是如此吗？只不过，我们采用的方式并不一定是在朋友圈晒图，而是其他的种种方法。如用一些名牌甚至是一些奢侈品牌来包装自己。事实上，不管我们的外在是如何的光鲜亮丽，倘若失去了内心的自我，不知道自己到底想要的是怎么样的一种生活，一种人生，也只能是"金玉其外，败絮其中"。它不可能让我们的人生变得充实、真实，只会让我们变得更为迷失，不知所措。因为，自那一刻起，处于"被生活"的状态中，为了用外在的喧嚣和繁华弥补心中的空虚、迷失，与那个内心真实的自己渐行渐远。

减减，便能发现更纯粹的你

有一句话叫做"砍掉多余的就是艺术"。我们活着，也应该如此。适当地为自己的人生做一些减法，我们才能真正地认识自己，并焕发出无与伦比、无坚不摧的战斗力。

记得在少年时，父亲常常会跟我说这样的一句话："牛不喝水强按头，牛也是不会喝水的"。父亲跟我说这句话，大多数情况下是我做错了一些事，却极力辩解自己是逼不得已、没有办法之时。

当时，我虽然觉得父亲不能明白自己，但是随着年龄的增长，所经历的事情越多，对人生有了一些感悟后，才慢慢地读懂了父亲所说的这句话，同样也明白了一个极其朴素的人生道理：人处于困境，并不是因为别人的逼迫，而是在于我们自己。

我们很多的人之所以把人生视为一种磨难，在发牢骚在抱怨，说什么自己活得又苦又累，却难以感受到快乐和幸福。其根本的原因就是不断地为自己的人生加上一些东西，不管是真的需要，还是其他的。总之，一股脑儿都加在自己这原本并不健硕的身体上，以至于迷失了自我，不知道自己所想要的是什么样的一种人生。有位哲人曾戏言：这样的人活着就像是没头的苍蝇。没头苍蝇，没有了目标，所有的努力不就是一种瞎折腾吗？这样的一种生活，又怎么不会苦，不会累呢？

很多的人活得不开心、累，像无头苍蝇那样扑腾，并非是他们没有目标，而是因为目标太多。令人遗憾的是，这些目标并不是他真正想要的，而是在社会或者他人的影响下，在不知不觉中自己添加上去的。

"你又不是不知道，现在人都这样。别人回家都开着车，而你什么都没有，别人就会看不起你，觉得你……"

某天中午午休的时候，坐在我对面的轩说出了自己在年底内实现的目标——买一辆车。根据他的实际情况，我们觉得没有这个必要。于是，他说出了上面那句话。

这只不过是日常生活中最为常见的一件事，但真实地反映了一个现实——我们在很多时候确立的一个目标，以及所想拥有的东西，并非是自己真正想要的，而是在于其他人会怎样看我们。说得简单一些，就是虚荣心在作怪，为的就是让自己看起来很有面子。

也正是这种不必要的虚荣心在作怪，为了面子，我们不停地往不怎么健硕的身躯加压加码，背负起一些原本不需要背负的重量，与人攀比，要让别人看得起，以至于忘却该怎么生活，想要的是一种什么样的生活。不仅仅如此，对于那些，也不管自己是否能做到，但就是要求自己这么做，并因为没有做到而感到焦虑、失落。

试想一下，像这样我们能真正地快乐起来吗？能真正地把事情做好，并做出成绩来吗？

我在一家地方晚报做实习编辑的时候，采访了当地的一位企业老板。根据所掌握的信息，知道他完完全全是白手起家，靠自己打拼才取得了现在的成就。在他创业时，很多人都不看好他，并认为他选择的行业已经不适合现今的社会需求，让他选择一些时下市场景气的行业。他拒绝了。但是，他最终也成功了。

对此，我不免感到好奇，便问他能取得今天的成功是不是有什么秘密。

"我只是觉得那是我应该做的事，并尽力去做好就是了。"

这就是他的回答。

你现在的处境或许并不怎么好，还在抱怨自己为什么还是不能获得成功？在此，我们不妨问问自己，我们到底是在为什么努力？是为了满足自己的虚荣心，还是真的觉得那就是自己应该做的事呢？如果，你觉得现在所做的真是自己的人生目标，那就问问自己：我是否真的尽力了。

人生在很多的时候，需要的是做减法，而不是加法。

少一点虚荣心，删减掉那些为了面子而附加给自我的目标和追求，问问自己：我到底想要的是怎么样的一种生活，怎样的人生。你便能找到真正的自我，并点燃生命中最原始的激情，引爆你潜在的能量，快乐与幸福地抒写自己的人生。

其实，人生的快乐很简单。

我们可以获得更多快乐，人生成就也并不只是如此。

只是，我们被虚荣牵绊，被"面子"所捆绑，因追求外物而迷失了自己。

勇敢地拿起锋利的思想尖刀，对我们进行剖析，果断地删除掉一些并不是你发自内心所想要的东西。你或许会感到痛苦，但，它会让我们以最佳的姿态，将我们的人生点亮，并散发出绚烂无比的光！

从"自我"的误导中走出来

"自我"是时下最为时髦的词语。而到底什么样的我才是真正的"自我"呢？殊不知，我们常常是在寻找"自我"的过程中迷失了自我。

对于"自我"，在刚刚看到这个词语时，我并不解其意，只是单纯地认为，所为的"自我"，就是按照自我内心的想法活着，去面对一切的人和事。

后来，在看过一些相关的书籍后，我才知道自己是如此的浅薄，是那般的断章取义。

恰恰就是因为我对"自我"的这种认知，让我遭遇到了诸多或许本来就不应该遇到的困难和阻碍。

在我刚刚出校门的时候，虽然也十分的勤奋努力，但依然难有好的发展，甚至可以称得上是一团糟，就跟我对"自我"的认知有莫大的关系。

因为，那个时候的我，只是单纯地想到了自己要怎么样，而忽略了一个现实：即人生活在这个世界上，并非是独立存在的，也并非是自己想要干什么就能干什么，想要得到什么就能得到什么。而在那个时候，我所认为的"自我"，恰恰就是"自我的迷失"。

"自我亦称自我意识或自我概念，主要是指个体对自己存在状态的认知，是个体对其社会角色进行自我评价的结果。"

这是心理学上对"自我"这一词的释义。就是在看到这样的释义后，我才发现我所认为的找到的"自我"是多么的可笑。

因为，我考虑的只是自己的一种感觉。

用书面一些的解释来说，就是只注重了人作为个体而存在的属性，忽略了人的社会属性，也是组织属性。

"那只不过是一种不切实际的疯狂臆想。"

这是我对于那段时间的我，或者说是"自我"的一种反思，或者是一种总结。

仔细回想那段时间的经历，我只是想着自己要怎么样，而忽略了现实，不就像是"空中楼阁"故事中所说的那位有钱人一样可笑吗？

"真正的自我，不是我想怎么样，而是在于我所想的是不是我能做到。"

这是在经历过诸多的事情后，经过一番思考，对"自我"的一种感悟！

现实中，我同样发现，有诸多的人他们虽然总是在说"自我""要找到内心深处真实的自我"等，但是，他们的那种"自我"，却如我以前所认为的一般无二——只是想着我该怎样，我应该得到一些什么，而忽略了现实，忽略了自己是不是能够做到，或者是否有条件做到。

他们恰恰也就是因为如此，迷失了自我，让自我处在了一种极度被动的生活状态之中，进而在人生的旅途中处处受阻，再抱怨人生有多的艰难。

人生真的是如此的险恶，如此的艰难吗？

虽说我们并不能完全否定社会竞争的残酷性，但是，我们抱怨的险恶和艰难大多是自找的。

之所以说是自找的，便是在于我们对"自我"认知是从自己本身出发，自己觉得应该如此罢了！

倘若要深究这种心理，则又可以回溯到虚荣心、攀比心上了。

曾听人说过一个笑话。

某个人在说到自己的时候，觉得自己应该有房，有车，坐在宽敞明亮的大办公室。他觉得这才是他想要的人生，在那种状态下的他才是真正的自己。

有人便问他为什么会这么认为。

他说作为一个幸福、快乐和成功的人就应该如此。他看到的那些成功的人都是如此。

他真的是找到了自我吗？

其实，那只是他的虚荣心和攀比心在作祟，他想要的只是别人的人生。这样的人，只能生活在自我想象的世界；在现实的世界，所能做的只是哀怨和抱怨。

不可忽略的"自我"的另一面

　　自我不等于自私，只有当我们融入到社会，将自我的优点与社会相结合，才能真正地把握住人生的行动，在为社会创造价值的同时，拥有自我幸福美满的人生。

　　营，是我来到这座城市时认识的一位朋友，已经有很多的年头，虽说不能像亲兄弟那样感情深厚，但彼此间一直保持联络，有什么大事小情的也会跟对方说。我们之间的关系，属于那种可以信任的朋友。

　　他现在就职于某文化出版公司，是一名编辑。在他的手头，也出过几本市场反响不错的书，可以说在圈内混得还算可以吧！他所取得的成就，对一些来到这座城市打拼的人来说，虽不能算得上大成功，但属略有小成。

　　可是，我们的营同学，似乎并不满意，仍有所抱怨。我知道，因为他觉得做出版并不能把他的才华和价值发挥出来。

　　在第一次跟他聊天、畅谈人生的时候，营就告诉我，他这辈子就想拍出一部自编自导的电影。他在说这些的时候，眯着眼睛，脸上洋溢着幸福。他那种幸福陶醉的表情，在以后的日子里我常常看到，每当他说起自我的人生理想和追求时就会自然显露出来。

可惜的是，不知道过了多久，他的自编自导的电影梦还未实现。慢慢地，他再次谈及自己的理想时，少了一份意气风发，多了一些不满和抱怨。

我与其他几位平时跟他关系不错的人，每每在此时都会劝他，跟他说既然他那么喜欢电影，觉得自编自导一部电影是毕生的追求，为什么不去做呢？

此时，他会紧皱眉头说什么现实是如此的残酷，并不是自己想要干什么就能干什么的。他在说着这些的时候，列举了一系列现实的问题，诸如资金、拍出来在什么地方放映等等。

在我们身边，像营这样的人不在少数，他们总有觉得自己怀才不遇，认为这个世界没有给予他们一展才能的机会。事实上，他们并非是没有相应的才能，也并不是对于自我的能力缺少认知，而是在于没有在这个社会找到属于自我的正确位置。

"发现自我，并不是单纯地把目光聚焦在自我的身上，而是要将自己放在社会中。"

类似营这类的人群，他们的苦恼和忧虑，如果用稍微学术一点的词语来说。那就是他们太过于看重内心的自我，注重的只是人作为个体存在的独特属性，而忽略了人作为社会人的社会属性，或者组织属性。

有趣的是，我们很多人虽然关注得更多的是个体的独特属性，但事实上却被社会的属性牵绊，处于一种个体和社会的游离状态中，在希望与失望中徘徊。

我希望做什么，但现实却是如此。这或许是时下很多人的心声。他们觉得自己发现了那个内心深处的真实自我。殊不知，他们找到的那个"自我"是片面的，也恰恰是他们在不知不觉中陷入到人生的被动状态，令苦恼和忧虑疯长的"肥料"。

因为，真实的自我，不仅仅只是你心灵深处自己的感受，还是你把自己放在这个现实世界中的什么位置。

我的表哥，是一位早年从事出版，现在转行去玩微电影的人。我记得在我刚刚大学毕业的时候，因为太过于理想，跟几位同学合伙创业，开了一家文化传播公司。

在那个时候，我们是如此的张扬，对市面上的书籍不屑一顾，认为那些属于"垃圾"，不能够真正地起到"传播文化，净化人心灵"的作用。于是，我们便想着要做一些自己认为真正地具有品味和文化功效的书。

虽然，我和我的几位创业伙伴为此而付出了努力，但现实给我们的确是另一种结果。很快，我们便将手头仅有的一些钱花光了，我们所出版的自认为真正的书，却不被市场认可，发出去多少就会退回来多少，还需要承担运输的费用。

一次，跟表哥见面，他问起来我的近况，我便把现实的情况告诉了他，并抱怨起来，说什么现在的读者怎么就没有辨别力，不知道书的好坏，并且说现在的环境并不适合做书。

"要学会适应环境，而不是等待环境来适应你！"

表哥在听完后，微微一笑，跟我说了上面的那句话。

或许，有人会觉得"学会适应环境"不就是选择对现实的一种臣服，把自己陷入到被动的人生状态中吗？

在开始的时候，我也是这么认为。事实上，这才是积极主动把握人生的一种态度，才能活出真正有意义的自我。

因为，人不可能完全脱离群体而生活，一个人的真正价值恰恰也是在群体中体现出来的。

我们的这种适应环境，其实就是在现实的世界中找准自我的位置，找到那个存在于社会中的"自我"。

第三辑

请 不 要 再 说 " 我 尽 力 了 "

////////////////////////////////////

不是你不能，而是你不肯

"我就这样"，看似个性无比，是如此的特立独行。但实质上，却是对自我或者人生的一种带着淡定面具的恼羞成怒的一种自我放逐，或者是放弃。

或许是搞创作、玩艺术的人，都会有那么一点点的性格。

伟，是我认识的一位画油画的朋友。虽然对油画，我缺少应有的鉴赏力，但我还是觉得他画得不错，至少在看到他的作品时，我的眼睛会稍稍一亮，觉得他的图案以及色彩似乎在向我传递着一些什么内容。

我真心觉得伟画的画不错，但有一点我却觉得他对于自我的形象需要注意点。我原本是一个不怎么注重外在形象的人，他比我还要不注重。

他留着大多数画画的人一样的长发，给人的不是飘逸的感觉，而是油腻，还常常会有一些油画颜料粘在上面；无论是深冬还是盛夏，他所穿的衣服，都会粘有颜料的色彩……他真的很有艺术范儿。只要看他一眼，不用问就知道他是画画儿的。

对此，我和跟他关系不错的人劝他，让他稍微注意点。

"认识我的人都知道我就这样；不认识我的人，我又何必管他们怎么看的呢？"

　　就如同他那极具特色的穿着打扮一样，他对于我们劝解的回复也极其具有个性。

　　他所说的好像挺有道理的，甚至可能有人会觉得，这才是我们人生真正要有的态度，也是把握住自我的人生，做一个真实的自我的态度。

　　是啊！人活着原本就不怎么轻松，我们又何必要考虑那么多，为什么不按照自我的意愿活着呢？不少的人可能做梦都羡慕这样的人生，希望自己能够活得像这样的洒脱。也恰恰就是因为如此，我们不少的人，尤其是男人，在内心深处都有一个快意恩仇的侠客梦、江湖梦。

　　没错，我们希望拥有的是像这样无拘无束的洒脱人生，像这样的人生，似乎主动权在我们自己的手中。殊不知，我们很多的人就是因为这种主动而陷入到人生的被动状态之中。

　　"我就这样"，听起来像是说这句话的人不屑于世俗和他人的看法，处在我行我素的一种生活状态中。这种状态，只能说是一种理想状态，我们是很难做到这一点的。因为，人不是独立生活于这个世界的，跟这个世界上存在的事和物直接或者间接地发生联系，产生影响。

　　"生命即关系！"

当我们静下来，便会发现到这句话所蕴含的深刻含义，同样会让我们找到生命最真实的意义，以及如何让自我走出那些所谓的无能为力的现实，进而让自我的人生旅途充满了快乐而知足的芬芳。

因为，无论我们如何特立独行，思想如何深邃，能力怎样卓越，倘若我们要把自我的价值体现出来，就不可能不跟社会上的人和事发生接触，更为重要的是我们的理想、才华，在很多的时候是需要借助于他们才能得到实现。

我们的特立独行，不顾及身边的人和事的我行我素，能融入到社会中，能将自我的价值体现出来吗？

或许，你认为这是选择对社会的一种臣服，会让自我处于被动。其实，恰恰相反，这只不过是对大势的一种顺应，是人生作为主动的活法。试想一下，在某企业上班的你，可以忽略公司的一些规章制度，同事或者客户的感受，自己想怎么来就怎么来吗？

如果，你真的那么做的话，恐怕你的能力再怎么卓越，你的领导也只会请你离开了。更何况，别人都不能接受你，你又怎么能将你所谓惊人的"能力"和"才华"体现出来呢？

"'我就这样'，有时候并非真的是个性使然，而是在跟生命耍无赖。"

现实中，把"我就这样"当成口头禅，或者是以动作表情言语演绎"我就这样"形象的大有人在。

为什么会如此呢?

真的是他们的性格、习惯原本如此吗?

其实,一切的一切,都在于害怕因改变所带来的不适应和痛。说得不好听些,在很多的时候,就是在跟社会、跟自我的人生要无赖。因为,在"我就这样"这句话的后面,带着这样的潜台词——你怎么着吧!

并非是我想象力丰富,而是事实便是如此。

朋友,请从脑海中擦拭掉"我就这样"的想法,切不可把融入当成是一种限制,说什么公司的规章制度是在限制你,说什么考虑到他人的感受是在压抑个性。这些限制和压抑,相反是为了能更好地把握主动、成就自我的基础。否则,我们会受到更多的牵绊。

在一个狭小而封闭的圈子内,我们能奔跑起来吗?即便是发力狂奔,其范围的限制也注定了我们的被动。

只有主动追求的东西才可能得到

你可能觉得自己的朋友很多，人脉很广，觉得有他们在，什么事儿都不算个事儿。但……终有一天，你可能发现，你所认为的依靠，是那么的脆弱，脆弱得就像块玻璃。

前不久，我到一位朋友家去做客。他家里有一个 4 岁左右的小男孩，是他的儿子。孩子大多好动不好静，尤其是小男孩。当我和我的朋友在聊天的时候，他坐在旁边玩玩具，摆弄着各种各样的玩具小汽车、玩具枪等。

他自乐其中。

当我的朋友说要到外面吃饭时，我这才发现并不算太大的客厅内，已散落着很多玩具。朋友让儿子把玩具收拾好，说收拾好了后，一起去外面吃饭。

我认为朋友会帮孩子一起收拾，但没想到的是，朋友在说完那些话后，并没有表现出任何帮助的意思，而是坐在一旁，看着等。

那个小男孩开始行动起来。他拉过装玩具的小箱子，认真地将玩具一件一件地放进去。虽然他很努力，但是由于摆出来的玩具太多，速度就显得有些慢了。

看了看在忙活的孩子，又瞅瞅朋友，我在想：为什么不帮一下孩子呢？大人来收拾，不是很快就弄好了吗？

"我这次帮了他，那么以后呢？"

事后，在一次偶然的机会，我把心中的疑惑说了出来。朋友用上面的那句话作为引子说出了一大段他的理由。

他说，他并不是不想帮孩子，而是怕老是帮忙会让孩子形成依赖。他还说，那些事情并不是孩子不能做到的，对于孩子自己能做到的事，他是不会给予帮助的。他说了很多很多，但归结起来就是，只有让孩子养成独立自主的性格，才能在长大后面对人生旅途中的各种磨难，才能活得更好。

"其实，在人的一生中，我们能否取得成就，虽说得到他人的帮助很重要，但重要的还是自己啊！"

他在说完那些后，忍不住感叹道，并问我是否如此。

当时，我只是笑了笑，算是回答，并没有多想。而在不久后遇到的一件事，不由得让我想起了他，想起了他所说的那些话。

一天中午，另一个朋友突然出现在我的面前。他的不期而至让我感到有些意外，因为平时聚会让他过来，他大多会找借口推辞。而让我感到更意外的是，他坐下还没说上两句话就开始埋怨起英来。

英是我们共同的朋友，他们都是做设计的。

他跟我说英太不靠谱，早就答应了帮他设计一张海报，可是一拖再拖，到现在还没弄好。他在说着这些话的时候，情绪激动，显得十分的愤慨。

看着他那副模样，我忍不住摇头笑了笑。因为英也曾向我抱怨过，说什么有些过分了，老是让他帮忙。而据我了解，我的这个朋友并不是真的忙得不可开交，抽不出时间自己做，而是在以前只要他一开口，英都会答应他，帮他做好。

已经养成了习惯，对英产生了依赖，总是觉得英能帮他把事情做好。

抱怨完后，让我给评评理，说什么英既然答应了，就得要做好啊！他还说那是一个大客户的单子，现在都不知道怎么办了。

"永远不要认为有人帮助我们，就可以高枕无忧。"

跟别人说好了，让别人帮忙，对方也同意了，但是对方没有帮你办好，或者是中途掉链子。像这样的事，很多人都遇到过，当出现这种情况时，无疑会打乱我们原有的节奏，就像是我的朋友那样，变得手足无措，极其被动。

至于出现这样的局面，我们大多数人会认为责任在于答应帮忙的人，并且责备对方不讲信用，没有诚信。

责任真的在于对方吗？

当我们冷静下来，仔细想想，就有可能会发现，其实这一切都是由于我们自己造成的。

想想看，别人答应了给我们帮忙，就一定能办好吗？

想想看，别人就一定要帮我们吗？

想想看，别人即使是答应了，但是他难道就没有自己的事要办？一旦遇到较大的困阻时，他们是不是会真正的尽力呢？

……

如果我们能静下来仔细想想，会发觉到其中蕴含了太多太多不可确定的可变因素，只要稍稍有那么一点点的变化，便会让我们陷入到难以自拔的困境中，变得无比的被动。

我之所以说这么多，并不是说每一件都需要我们亲力亲为，不需要别人的帮助；而是说在很多时候，很多的事情，如果我们能做到的，最好就不要假借他人之手。不然的话，你就是把主动权交付给了他人。如此一来，我们能不被动，能得到想要的好结果吗？

接受是一种勇气，改变才是一种智慧

　　你改不了的不是习惯，而是改不了寻找借口的习惯，更是缺少面对改变的勇气和习惯于接受安排的一种表现。倘若你的所谓的习惯已经严重影响到了你的生活，你却无力改变。那么，你所谓的坚强、信念以及信心，就无法不让人质疑！

　　抽烟，喝浓咖啡，这在以前，似乎已经成了我生命中的一部分。尤其是在写稿子时，我更是烟不离口，如牛饮般一杯杯地灌着咖啡。以至于跟我很熟悉的人，说我的东西都是烟熏出来的，带着浓浓的烟草香味。

　　问我是不是抽烟还那么凶，喝咖啡是不是还那么猛，让我少抽点或者戒掉，控制点别喝得太多，这也成了很多朋友在见到我时必说的话。

　　我比谁都清楚，他们是为了我好，把我当成朋友才说这些话。我同样知道，抽烟、无节制地喝咖啡，对身体不好。事实上，我也很想戒烟，少喝点咖啡。无数次，我暗暗对自己发誓，要戒烟，要少喝咖啡。

　　为了戒烟，我曾将香烟扔进了垃圾筐，连带着一位朋友送给我的 zipp；让我在我的视线内看不到任何跟香烟有关的事物。当我做完那一切，坐在电脑前，开始写稿子的时候，不自觉地朝原来放烟的地方摸去。当想到了自己要戒烟时，虽然在不断地给自我鼓劲，说什么要有点毅力，要坚持下去……那仿佛是说给别人听的，所谓的坚持用不了多久便成了笑话。接下来，我会从垃圾筐将刚才扔进去的香烟、火机一一拾起。而后，用一种极其优雅的姿势，将香烟点燃。当淡蓝色的烟雾从口中吐出，迷茫在眼前，我感到了一种无法言语的舒爽。

而在同时，我心中的烦闷、思维的堵截也随着淡蓝色的烟雾散去。那一刻，我变得才思泉涌，连敲击键盘的手指都变得灵活起来。

至于喝咖啡要节制点的想法，同样也未能实现。

"不是我不想戒烟、少喝点咖啡，而是不抽烟，不喝咖啡，我写不出来东西！"

当朋友们提及我戒烟或者是少喝点咖啡时，我会这样跟他们说。对此，他们感到的只是无奈。

难道说，我不抽烟、不喝咖啡就写不了东西，不能把事做好吗？并非如此，那只不过是我为自己找的一个冠冕堂皇的借口罢了。而现在，我不是照样把烟戒了，也很少喝咖啡了吗？至于，是不是写不出来东西呢？现在，我不正是在电脑上写吗？

"没有改变不了的习惯，只有不愿意改变的人。"

这决定不是一句空话，只要你想要改，有毅力，并能坚持下去就可以。就拿抽烟来说，可以说是一个让人最难改变的习惯。当人们在跟人说起要戒烟，有人可能会说，你戒烟我就戒饭。这虽然是句玩笑话，但何尝不说明了要改掉抽烟这一习惯有多难。但，在我们的身边，有许多烟不离手的老烟枪，不还是戒掉了吗？

"改不了，习惯了！"

就像是抽烟，我们不少的人虽然明明知道身上有不好的习惯，也有不少人善意而好心地提出，让他们改改。而他们又有多少不会说出类似上面的这句话呢？殊不知，很多的人就是因此而使得自我的人生陷入了被动，使得自我处于难以突破的人生困境。

"习惯了习惯的人，就像一辆踩着刹车被推的汽车，永远不能跑出应有的速度，更别说能看到迤逦的风景。"

曾有人像这样说那些总是将"改不了，已经习惯"放在口头的人。

习惯，从某种程度上来说，就是一种守旧，是思维的一种固化，更是贪图安逸，缺乏对人生精进的一种表现。而我们知道，世界上唯一不变的是无时无刻都在变化，而我们更知道，适者才能生存，成大事者必须顺应时势。当我们还被原来的习惯所捆绑，说什么"改不了，习惯了"，我们如何才能适应这个社会，把握住时代的潮流，进而获取自我所想要的人生呢？

难道我们愿意自己像守株待兔故事中的那个农夫吗？守着"习惯"的大树，等晕头转向的"成功"——兔子撞晕！

变，就是我们走出人生被动的一个基本要素。

你给生活机会，它才会赐给你风景

你说你不是不努力，也不是没能力，而是没有机会。那么，你要的究竟是怎样的机会呢？你说没机会，努力也是白费，待有了机会再全力以赴。那么，你在吃饭的时候，难道顿顿都是你喜欢吃的，合你口味的吗？你为什么还是会大口咀嚼？

远离故乡，来到这座城市，是因为这座都市的繁华。虽然竞争激烈，但也充满了各种各样的机会。我们满怀着信心和激情来到了这座城市，相信只要抓住一个好的机会，凭借着自身的能力，再加上努力，必定会打拼出一片属于自己的天地，让人生变得与众不同。

是的，我们是带着希望、激情来到这座城市的。而随着时间的推移，所经历的事情不断地增多，我们的信心和激情在慢慢地挥发，猛然间似乎有了一些明悟，那就是这个都市虽然充满了许多的机会，但机会却不属于我们；所谓的努力，如果没有机会，再怎么努力也是枉然。

"算了吧！我呀就这个命，别跟我说什么要努力，我原来难道还不努力吗？但是没有机会，也只是白努力啊！"

这是小任经常挂在嘴边的一句话。他在说这句话的时候，那姿态，那神情似乎看透了这世间的一切。

对于小任，我和认识他的人都不否认他聪明、有一定的能力；如果真的要比较的话，我们大多会自叹比不上他。可是，聪明和能力较为突出的他，来到这座城市都快8年，似乎并没有多少改变。当初和他在一起的同事，甚至起点比他要低的都发展得要比他好，而他还在跟一些刚出校门没有多久的大学生一起竞争某一工作岗位，在寻找那让他一鸣惊人的机会。

"职场跳蚤"是对一些不安心于自我的工作，经常跳槽人的比喻。

小任，就是标准的"职场跳蚤"，在我以及他所熟识的人印象中，他似乎很少能在一家公司干上半年的。他之所以离开，大部分是他主动离职。原因，就是他觉得自己在这家公司没有发展的机会。

一次，他又从所就职的公司主动离职了。他离职的理由还是跟原来无数次离职的理由一样。

"你总是说机会，机会，你到底需要什么样的机会？"

当他再次抱怨时，宁不耐烦了，不悦地看着他。

他微微一愣，略显尴尬，刚想开口，却被宁打断了。

那天，宁也不知道是怎么回事，很少说别人重话的他，连续责问、质问小任。他问了小任N多的问题，说什么小任老是抱怨没有机会，自己又做了些什么；就是给小任机会，小任能做好吗……

小任的脸变得通红，最后竟然恼羞成怒，拂袖而去。

小任走了，留下的是大眼瞪着小眼的我和宁等几个人。过了好一会儿，才有人问宁怎么要这么说小任，难道就不能换另一种表达方式。然而，宁接下来所说的，让我们知道了他的情绪为什么会变得如此激动。

原来，小任刚刚辞去的那份工作，是宁给他介绍的。那家公司的老总，是宁的老乡。

据宁说，他的那位老乡准备在考察小任一段时间，看看小任的能力怎样，再根据小任的能力和表现调到合适的位置。

宁还说，在小任已经决定去上班的时候，他还跟小任说清楚了，叮嘱小任要好好干。

当时，小任也答应了。没想到的是，小任在刚开始的时候表现倒是挺好的，但那只是三分钟的热情。

为此，宁的老乡打电话给宁说，小任确实有能力，但就是有些浮躁，让宁好好劝劝小任。宁的老乡还跟宁说，如果小任性子稳定，会是他很好的助手。他希望宁想办法劝劝他。可是，宁还没来得及找时间跟小任谈这件事，小任却已经主动选择了离职。

听宁说完前因后果后，我们感到意外，并深为小任感到惋惜。

小任不是一直希望拥有一个好的机会，将聪明才智发挥出来吗？这不就是一次很好的机会吗？可是，在机会还没完全来临之时，他却跑开了。而仔细想想，我们很多的人不正是跟小任一样吗？

"机会？我们口中所说的好机会究竟是什么呢？"

在那一刻，我不禁想到了这个问题。虽说我不能确切地给予"机会"下一个明确的定义，也无法很具有条理地把它叙述清楚，但我却可以明确一点，那就是它不是别人或者是某种神秘的力量所赋予我们的，而是我们的行动，以及行动的结果所带来的。

从某种程度上来说，事实上，我们的生命中遇到的每一个人、每一件事，都是一种机会。而最终决定我们是否能把握住机会，令自我的人生呈线性上升还是下降，则在于我们的态度。

说到这儿，我不由得想起了宁，也就是给小任介绍工作的那位朋友，也是在小任主动离职后，不给任何情面给予小任斥责的朋友。他的经历就是对我关于机会胡思乱想最好的诠释。

他并非是名牌大学的毕业生，其自身能力也较为普通，但有一点却是我以及认识他的每一个人都赞赏的，那就是无论让他做什么，他都会认真面对，并尽自己最大的努力做好。也就是因为如此，他在第一家公司还没干上三个月就得到了上司和领导的肯定，成为了某项目小组的负责人。现在，他已经是该公司的主要负责人之一了。

"他能取得这样的成就，是因为机会，还是因为自身努力呢？"

努力与机会或许原本就是同义词，或许机会只不过是努力的另一个名字。当我们在抱怨没有机会，说什么没有机会再怎么努力也是白费之时，为什么不问问自己是否真的努力过，又做出了什么样的成绩呢？

你或许觉得自己有能力、有实力，但你不表现出来，让人们看到，又有谁能知道呢？

我们总是把自己看作是千里马，却老是伏在槽臼旁，而不显示出你千里马的实力，还在哀叹为什么还没有"伯乐"来发现我，让我驰骋疆场，展现风姿。

歇歇吧！赶紧放弃这种不切实际的想法，别幻想着一出场就飞龙在天。

人生的精彩与光芒四射，少有突然喷发的，而是在于积蓄、沉淀。

当我们积极而主动地面对每一个人、每一件事的时候，其实就把握住了每一个机会，最终也会成就我们人生的繁华。

期待那了无踪影的命运之神的垂青，等待机会一鸣惊人，你即便有经天纬地之才，堪比诸葛亮、比尔·盖茨，最终也只会在哀怨中随波逐流被动一生。

"无论，你现在所做的是怎样的一份工作，只要是你自己选择的，就认真去做好它，你所想要的机会就自然来临。"

做并且做好，其实就是机会。我们又何必等待呢？

不要说"其实，我……"

　　面对困难，我们找借口推脱，看似免除了因此而带来的麻烦，但，同样是将成长、成功的机会，一股脑儿推开。

　　我们很多人一遇到难题，想的不是如何去解决，而是找一个理由，或者是借口逃脱。

　　像这样，虽说在一时之间逃避了因此而带来的麻烦，但却会给我们的人生带来更多的麻烦，让自我陷入到更为被动的人生状态中。

　　找到了一份较为不错的工作，并通过了试用期，留了下来。可是，他却觉得有些不公平。因为，跟他同时进这家公司的一共有三个人，他们都留了下来，但是其余的两个人在试用期一接触之后就被委以了重任，其中还有一位被任命为一个新成立部门的主管，而自己却没有任何的变化，依旧担任着试用期时的职位，做着试用期一样的工作。

　　为什么，为什么会这样?

　　怎么也想不通，并且觉得愤愤不平。

　　这天，他遇到了人力资源部的主管，他的一位学长。犹犹豫豫了半晌将心中的疑问和不满说了出来。

学长听完后，微微一笑，说道："我知道你可能觉得很不公平，认为自己的能力要比他们强，不错，我承认这一点。但是，你的这种能力是否真的发挥出来了呢？"

　　他不解地看着学长，似乎不明白学长所说的意思。

　　"你还记得有一次，你们的主管让你们到郊区去拜访一位客户的事情吗？"学长继续说道。

　　他皱着眉头，仔细地想了想，终于想起了那件事。那时，他刚到这家公司还没多久，他们的主管便将他们三个人叫进办公室，问他们谁能帮着到郊区去拜访一位客户。知道主管所说的那个地方在哪儿，更知道从公司到那儿交通极其不便，不仅仅要坐很长时间的车，并且还需要步行上一段距离。他想了想便找一个借口拒绝了。难道说就是因为这件事？他更觉不解了，他看着学长，继续说道："那次，我真的有事，我……"

　　学长打断了的话，接着说道："好！咱们就不说那件事，你不可能不记得还有一次你们的主管让你打印一份合同文件，你倒是打出来了，可是却出现了问题，是这样吗？"

　　他的脸颊变得通红，虽然感到有些不好意思，但是他仍然辩解道："我可是按着他所写的打的。"

　　学长笑了，摇了摇头，说："我真的想不明白，你怎么有那么多的理由，难道你自己就一点责任都没有吗？"

　　在听到学长这样说之后，他没有说话，大眼瞪着小眼的看着学长，在想：难道说自己错了吗？他并不觉得这样有什么不妥。

"你不是不能做好，缺的是勇于面对困难的勇气。"

现实中，类似的人不在少数。他们一面在为自己不如意的人生哀叹，抱怨自己怎么没有别人一样的好运气，获得自己所想要的改变命运的机会。殊不知，导致他们人生中难以有较好的发展的根本原因，恰恰就是他们在一遇到困难时，就需找借口推脱，以至于在同时把原本属于自我的机会也拒绝了。

寻找借口虽然可以推卸掉一时的责任，但是却因此影响了执行而给他人留下了不好的印象。对身在职场上的人来说，如果我们在工作中一遇到困难就千方百计寻找借口推卸责任，这种小花招虽然让你一时逃避了惩罚，但同时失去了锻炼的机会。当然，工作能力也难以得到提高了。长此以往，你的业绩和成效会大打折扣。

为了逃避责任，我们还可能在问题面前不做任何决定，事事请教领导或者上司。一旦出现差错，你就会理直气壮地说，是上司让我这么做的，言外之意我可是服从领导、绝对执行的好下属，一切责任都应该由上司负责，至少也应该由上司负主要责任。

持有这种观点是非常可笑的，再加上自以为是就是可悲的了。

你有没有想过，在所谓的服从领导、推卸责任的背后，是能力低下和缺乏主动工作精神的体现。换作是你，你肯定也不会对这样的下属有什么好感，不找个机会开除他，就算是你大发善心了。

想想看，我们这样能拥有好的机会吗？

"只有敢于挑战难度，人生才会有高度。"

几年前，罗所在的公司准备在西北成立分公司。当时，该公司在东部和中原地带，已经做得比较成熟，在这些市场区域中，随便一个地方都可以赚到大钱。而西北市场，则是尚未开发的处女地，条件十分艰苦，不付出三五年的艰苦努力根本不可能在那里挣到钱。因此，公司在委派新疆公司经理时，也很难敲定最后的人选。

这天，委任各区域经理的会议在公司的培训中心举行。总经理首先发表了一番慷慨激昂的演讲，以为通过这番演讲，就可以激起销售人员的斗志，愿意到新疆去。然而，在总经理演讲完毕开始点将时，却遭到好几个人的断然拒绝，有人甚至态度坚决以辞职作为威胁。

总经理骑虎难下，一时之间不知该怎么办，罗却主动站了出来，要求去大西北。

在场的其他人先是一愣，接着哄堂大笑，继而议论纷纷。有的说他神经有毛病，有的说他头脑发热，有的说他出风头。确实，在大多数人看来，罗很不明智，因为他当时是广州区域的销售经理，年收入30万以上，而他到条件艰苦的大西北，别说30万元，恐怕连5万元都难保证。有人替罗算了一笔账，他在广州3年，可以轻松挣到90万元，但去大西北，则意味会损失了近100万。

有人劝罗，但被罗拒绝了，毅然前往大西北。然而，让谁也想不到的是，就在三年的时间内，罗将西北分公司做起来了，还被总公司提拔为市场总监，而市场总监的年薪高达 360 万元！

罗先生前去西北组建分公司，能不说是一个较为困难的事吗？如果在当时，他跟其他的人一样找借口推脱，又怎么会有着现今的辉煌呢？

在这现实而残酷的世界，我们要获得长足的发展，就必须将自己的优点和长处发挥出来，换成另外一句话，就是要将我们身上的能力最大化地发挥出来，去创造更多的价值。

那么，我们怎样才能做到这一点呢？

我们必须要敢于面对自己所要做的事情的困难，并且采取有效的方法将这些困难一一地排除，因为我们只有解决掉那些困难才能获得自己所想要的结果。而越是重要的事情，所能取得的成就越大，我们所需要解决的困难就越多、越重。

其实，这才是人生最为明智的选择。

你所谓的尽力，恰恰还留有余力

我们很多人所谓的尽力，恰恰是还留有余力。当我们真正全心全意地扑在一件事上，全力以赴去做，根本没有什么"没有办法"一说，即便是前面有一座高山，也会打出一条隧道。

生跟我说起这件事的具体时间，我已经难以确定。但我依稀记得那是一个夏日的午后，我的心情还较为不错，因为那天，我在路过一家音像店的时候，正好那儿处理一批 CD。我花了 3 元钱淘到了一张一直没有买到的理查马克思的专辑。

那张专辑叫做《时光雕塑》。

生来的时候，我正陶醉在这张专辑的乐曲中。

生，是一个不善于控制情绪，把情绪写在脸上的人。

当他坐下后，就义愤填膺地向我抱怨。

他说他部门里新来了一个编辑。他让那位编辑给一本书写前言。很快，那位编辑就写好了，交给了他。他看了一遍，不满意，就让对方重写。

新来的编辑照做了，但还是不能让生满意。

那位新来的编辑都不知道写了、改了多少遍，但生仍然觉得不满意，觉得他肯定能写得比现在的要好。

当他跟我说这些的时候，我还开玩笑地说他是不是跟那位编辑有仇，那位是不是在什么地方得罪了他。

他似乎并没有什么幽默细胞，险些跟我急了，说他看过那位编辑以前的作品，觉得水平不只如此，完全可以写得更好。他说他并不是因为编辑写得没有达到他的标准而生气，而是因为他准备鼓励鼓励那位编辑时，编辑的态度以及所说的话。

"我真的是尽力了，你让我再写多少遍都可能只会这样，甚至比这还差！"

那位编辑所说的话意思大概就是如此。

当时，我觉得生未免有些小题大做，甚至有些相信那位编辑是不是真的以前在什么地方得罪了生，生跟他有仇。因为，那位编辑确确实实按照生的吩咐去做了，也正如他自己所说的一样尽力了啊！至于，他没能达到生的标准、要求，没能做好，似乎生没有什么好气愤的。至少，他的态度比现实中不少人的态度要好啊！

说真的，在那一刻，我真的为那位编辑叫屈，为他遇上了这样一个"不近人情"的上司。然而，随着时间的推移，在接触了更多的人和事后，我渐渐对生当时为什么会有着如此强烈的反应有所理解，同样对"我尽力了"了这句话有了重新的认知。

确实，"尽力了！"看起来似乎没有什么挑剔，但在很多时候，恰恰就是对自我发展的一种限制，进而在不知不觉中让自我的人生陷入到一种被动状态。

因为，我们在很多时候所说的尽力，并非是真正的用尽了全力，是在为自己的失败找借口，寻找一种心灵的安慰，同样，也是对自我缺乏高标准、高要求的表现。

"欲求其中，必求其上，欲求其上，必求其上上。"

这是出自《孙子兵法》中的一句话。我们大多都了解这句话的意思，那就是在做任何一件事的时候，我们要想得到更好的效果，就必须把要求和标准定高一些。

在现实中，我们许多人，尤其是那些总是把"我已经尽力"挂在口头的人，他们没能把事情做好，有时候并非是他们没有能力做好，恰恰是对自己少了一种标准、要求，或者说是对自己的标准、设置得过低。

少了标准、要求，我们在行动的时候便会显得盲目。

标准、要求设置过低，就难以真正地做到尽力，也就是我们常说的"全力以赴"。

诚然，我们每一个人都希望拥有幸福美好的人生，希望自己以及家人的生活能过得好一些，但如何才能做到这一点。

我们似乎都知道"只有去做才会有结果"这一道理，同样，我们也知道在现今竞争激烈的时代背景中，想要达到这一目的，就要比别人做得更好。

试想，当我们总是以一种"我已经尽力"的态度去面对工作、面对人生中的事，又怎么能把工作、事情做得更好呢？

或许，我们都羡慕那些成功人士，希望能拥有他们所能拥有的一切。

但是你是否知道，他们之所以发展得比你要好、能取得那些成就，其中有一个主要的原因，就是我们把"我已经尽力了"挂在嘴边，而他们却是在面对任何一件事的时候，都有着"我能做得更好"的信念。

"你并非是真的尽力了，只是因为你对自己少了一份要求和标准，缺乏一种我可以把它做得更好的信念。"

你可能觉得这样说有些"唯心"，太过于主观。

我们的人生难以突破，往往就是少了一份类似这样的唯心和主观意识，过于理性以至于束缚了自我。

换一种角度和态度去面对工作、面对生活中遇到的每一个人和事吧！在任何的时候，都以一种"我能做到更好"的标准来要求自己，我们就能打破自身能力的限制，把事情做得更好，去做更为重要的事。

因为，人很少真正地知道自己的潜能有多大，只因我们没能找到激活它的方法，而给予自我更高的标准和要求则是做好的办法。

人有时候真的需要逼自己一把，这种逼看起来是被动，但恰恰就是化被动为主动的不二法门。

宁可犯错，也别放过

当我们在某件事做得不怎么好的时候，别人好心好意地提出建议，我们常常会拿出有人已经做过来对比，告诉别人自己并没有错。其实，这就是最大的错！

这天，我正在赶一篇稿子，小舅子帅打来了电话。我还没来得及说什么，他就跟我说他要辞职。我问他为什么。他说他的上司给他穿小鞋，故意整他。

在听到小舅子这么说的时候，我不由得皱起了眉头，因为他现在所做的这份工作是我介绍的啊！而他的上司是跟我关系不错的一位朋友。

我便问帅，到底是怎么回事。

虽说在电话里，帅表述得不太清楚，但我还是大概了解了到底是怎么回事。

其实，那是一件很简单的事，我的那位朋友，也就是帅的上司让帅做一份计划书。帅很快就做完了，而他的上司并不满意，并指出了其中的不足之处。帅不服气，因为他确确实实翻阅了很多资料，花了不少时间和精力才做好。因而，他便说他没有错，别人都是这样的。

我的那位朋友，也就是帅的上司，是一个追求完美以及独特性的人，听到帅这么说，一时之间控制不住情绪，不免话说得重了一些。据他后来跟我说，他好像说的是"别人去死你怎么不去死呢？"

我的小舅子刚大学毕业，在听到这句话后觉得伤了自尊，便给我打电话，说要辞职。在电话里，我劝帅不要冲动，并且告诉他，他的上司并不是故意针对他，对他有意见，而是希望他能做得更好，只不过是表述的方式不太对罢了。在挂断电话之前，我让他下班后上我这儿来一趟。

因为，我觉得有必要跟他聊聊。

"别人都是这样啊！"

当有人对自己所做的事提出意见，认为有不足之处时，很多的人会像我的小舅子那样用"别人都是这样啊"来否认对方，并认为自己这样做，没有任何的错误。

对一个聪明人来说应该懂得学习和借助他人成功的经验，而人类社会的文明与进步，也是建立在前人的成功经验基础之上的。伟大的物理学家牛顿在说到自己的成功时，就说过："我只是站在巨人的肩膀上。"

这似乎告诉我们，要想获得成功，获得更大的成就，就要重视他人的成功经验。

然而，我们很多人却对他人的成功经验太过于重视了，并不是学习和借鉴，而是在模仿、复制。他们认为，别人像这样做都成功了，自己为什么不能呢。客观地说，像这样做不容易犯一些明显的错误，因为跟着别人的脚步走，感觉上比较有安全感，殊不知，这恰恰局限了我们迈向成功的步伐，让我们在无形中陷入到一种被动的人生状态之中，犯了一个永远难以获得突破的错误——跟在别人背后，没有创意，处处落后他人一步，难以超越他人，超越自我。

"如果你想有所突破，最重要的是要问问自己：不像别人那样难道就不行吗？"

我永远记得这句话，并把这句话作为自己的人生座右铭。那天，我也把这句话告诉了帅。幸运的是，他在以后的日子里真的做到了这一点。

在那件事发生后没多久，在一位朋友的婚礼上，我遇到了帅的上司，也是我的一位朋友。他跟我说起了帅在公司的表现，并由衷地告诉我，他说他在以前还真的是小看了帅，没想到再给帅安排工作任务，帅常常会用一些他原来都不曾想到的方法，轻松而快捷地把事情做好。

他说帅是一个脑子灵活的人。

我笑着说，他是在夸帅，并说帅并不是真的比别人聪明，只不过他学会了独立思考，在做任何一件事的时候都会想：是不是有更好的办法把这件事做好。

"要想改变人生，就要懂得坚持，并敢于创新。"

诚然，人人都想成功，过上自己所想要的幸福人生。

可是，为什么我们大多数的人却依然徘徊在焦虑和忧虑之中呢？

当我们把目光聚焦到身边的一些人身上时，就可能发现，有所成就者与碌碌无为的人之间的区别，就在于前者懂得坚持和敢于创新，而后者则大多是模仿和迷信他人的成功经验，认为别人都是这样做的，自己也不会有错。

因为，在这个世界上没有随随便便就能成功的。在通往成功的道路上，会遇到无数的困难与阻碍，而我们只有去做，懂得坚持才能解决这些问题。

因为，在这个世界上，竞争是何其激烈，你只有做得更好，才能在竞争中获胜。倘若你缺乏独立思考的精神，不敢创新，以"别人都是这样做"的来要求自己，又怎能脱颖而出。

因为，在这个世界上，唯一不变的就是无时无刻都在变化，任何的一种成功都不是有某一因素决定的，而是天时、地利等多种因素结合在一起的结果。他们在那个时候那样做是对的，如果你不懂得变通，而是完全照搬，则可能成为你在通往成功道路上的最大阻碍。

由此可见，坚持和创新是我们成就自我获取与众不同人生的根本。而当我们在深究"别人都是这样做的"的心理时，会发现，这其实是对自己缺乏自信，不敢于承担的一种表现。它所带来的是我们独立思考能力的削弱，没有了主见，也就无所谓坚持和创新精神了。

别再让"别人都是这样做的"观念束缚你，给自己多一点自信，多一点独立思考吧！你便会打破你思维的限制，获得人生的主动。

那些打不败你的，终将让你更强大

真正积极主动面对人生的人，想的是如何在做的过程中，尽量把导致失败的错误解决；那些总是哀怨，并觉得自我人生是何其不幸的人，想的却是出现失败后，该如何逃避责任。

露在学校的时候，各个方面的表现都不错，干什么事都有一股冲劲。可是，在她走上工作岗位后，整个人都变了，无论做什么都变得十分的小心，小心得都有些保守，只要觉得有一点点的风险，可能会带来不好的结果，就会想法子不做，尽量让自己跟那件事没关系。

露的一些朋友见此情景后，劝她不要这样。可是露却有着自己的理由，说什么现今社会竞争这么激烈，稍稍出点错工作都可能会丢掉，何必要去做一些有风险的事呢？

正如露所说的一样，她在工作中，尽量不让自己犯错，也没有犯过什么过错。但是，毕业已经近 3 年的她，除了年龄长了 3 岁，牢骚和抱怨比以前多了些，其他的并没有改变——职位、薪水等。然而，当她看到身边的同学、同事一个个加薪升职时，她还甚为不解，想不明白工作中从来就没有犯错的她，为什么难以得到像他人一样的发展。

"不想出错，唯一的方法就是什么都不要去做。"

似乎不用多说，无论做任何事，我们都希望一帆风顺，能顺顺利利地达到自己所期望的目的。说得直接一点，那就是我们都希望自己无论干什么都能成功，至于出现错误，或者是失败，那就离我们越远越好。

这是由我们的自我保护意识决定的，因为我们每一个人都知道，出现错误，失败了，需要承担相应的责任，会给自己带来相应的麻烦和损失。

也就是因为如此，我们在做一件事之前，会变得较为小心谨慎，会考虑自己到底能不能做到，是不是会出错……

像这样，对所做的事予以分析，在想到获取成功的同时考虑到失败的可能性，可以让我们变得更为冷静、理智，使得成功的几率提升。

当然，它也能让我们免除因一时的冲动，而去做一些盲目、即便是花费了再多的时间和精力也难以获得好结果的事。

但是，我们同样要知道，无论做任何事，都不可能避免有错误发生，都存在着可能会犯错的几率。

曾听说过这样的一个笑话。

在某个炎炎夏日，街道上有一个人在兜售一种永远不会被淹死的秘方。

他在兜售这个祖传秘方时，还向人们承诺，如果谁按照秘方上去做还会被水淹死的话，他会赔偿巨金。

他的话引起了一些人的兴趣，并且还有人真的购买了。

购买的人在接过对方所递过来的秘方一看之后，顿时哑口无言。

因为那张纸条上写的是这样一句话：远离有水的地方。

这确实是永远淹不死的秘方。

我们连水都不接触，又怎么会淹死呢？如此看来，我们要想不犯错误，唯一的方法就是什么事都不要去做。

"人生的进步与发展，其实就是在不断地从尝试的失败中获取有用的经验。"

在这儿，我想到了军与玉。

军与玉是大学同学，两人在大三就确立了恋爱关系。

军比较内秀，头脑聪明，就是做事情缺少魄力。

玉虽然天真烂漫，但做起事情却很有魄力，具有一般女孩子少有的敢打敢拼的精神。两人在大学期间感情很好，转眼间也加入了毕业生的人才大军当中。

他们学的都是行政管理专业，毕业后两人一起开始找工作。

军的理想是做一个政府公务员，实现自己的政治抱负。但是第一次公务员考试他没通过，只好先找一份工作，解决一下生活问题，再继续努力。

军找了一段时间工作后，发现市场上的工作门类很多，但是却没有他想从事的职业。于是，玉鼓励军找个文职工作，先锻炼一下自己，在积累了一定的工作经验后再考公务员。

军听从了玉的建议，开始寻找工作。但是，连续失败了几次后，他对面试有了畏惧感，不敢也不想再尝试了。在迫不得已的情况下，他给几个中学生做家教辅导，勉强维持生活。

玉虽对军的畏首畏尾很失望，但是两人还保持着关系。

玉在毕业后根据社会的现实情况，对自己的人生进行了重新规划。因她想从自己的第二专业日语着手发展自己的对外汉语教学，便找了一家对外教学的教育培训公司，专门负责给汉语基础比较差的日本学生做汉语教学。

经过一段教学实践，玉决定自己开办对外汉语培训班。

军坚决反对，原因是经济基础不允许。但真实的原因是，他担心做不好。

虽说遭到军的反对，但是玉顶住了压力，从父母那儿先借了一笔钱，开办起了对外教学班。在玉的坚持和努力下，很快对外教学班取得了一定的成绩。就当她的对外教学班蒸蒸日上时，军再次报考公务员又一次遭遇失败。

玉并没有因此嫌弃军，依然鼓励、劝慰他，让他放下心中的负担，勇敢地面对生活。军心里感到暖暖的，确实也想努力，但是一想到可能还会出现失败，就放弃了。

最后，这对大学情侣之间的差距越来越大，感到自卑的军主动向玉提出了分手。

诚然，没有人喜欢失败，都愿意自己能够心想事成。但是，又有谁能确保自己每一件事都能做对呢？事实上，在人生的旅途中，我们要想不断地进步发展，拥有自己想要的人生，不仅不需要害怕困难和失败，反而要对此心存感恩。因为，只有当我们正确地面对困难和失败，才能从中不断地积累经验，获得能力的增长。而我们要想成就自我的人生，没有相应的能力能行吗？

在这儿，我们不妨想想看，因为害怕失败，连做都不敢做，又怎么能积累到相应的经验，并怎么能让能力得到增长呢？

还烦请牢记一句话："那些打不败你的，终将让你更强大。"

第四辑

等来的只是命运，拼来的才是人生

人生没有等待

全世界都在狂奔，你却还在等待，那些好的果子都被人摘走了，你得不到或者得到的是苦涩果子，只能说你活该！

想没有任何的作用，只有积极主动地行动起来，动手去做才会得到我们所想要的结果。在现今竞争激烈的大时代背景中，拼的就是时效、速度，稍一犹豫，就可能丧失良机，因为晚了那么一点点而变得慢半拍。

不用说，我们不希望这种结果出现。

可是，有不少的人明明有很好的想法和计划，却总认为时机和条件不怎么成熟，担心贸然行动可能会失败。于是，他们便决定等等再说。

这种等，虽说会让我们重新评估所要做的事情，把想法和计划变得更为完善。但，我们的这种等待，有时并不是真的在积蓄力量，等待合适的良机，而是一种没有任何意义的付出。最终的结果，就是计划无法得到实施、目标无法得到实现。我们也就成为了一个永远等待的失败者。

"无论做任何的事情都会存在一定的风险，永远不可能会有

100% 时机和条件成熟之时。"

我们在说到一些成功人士的经历，或是身边那些发展得较好的人时，往往认为他们遇到了一个好的时机，在正确的时间做了正确的事。其实，这只不过是我们在看到了他们做出了相应成绩后的总结。

"所谓的成熟的条件和时机，是在行动的过程中不断创造和完善的。"

在这儿，说说发生在我认识的人身上的事吧！

伟，我初中同学，现在是我故乡所在那座城市最大的电玩城的老板。记得当时，他将自己要开电玩城的想法说出来的时候，很多人反对，包括他的家人和他的一些朋友。他们觉得时机和条件都不成熟，劝他再等等。伟虽然知道他们是为了自己好才说那些话的，但是他并没有听从他们的劝告，一意孤行地行动起来。虽说，在那个时候他遇到了许许多多的困难，但最终他还是克服了。

"都说等时间和条件成熟了再做，但是什么时候、什么样的时机和条件才算成熟呢？或许，在那个时候，我们觉得是这一方面有所不足，当我们觉得这些问题都解决了后，新的问题又出现。难道我们还要继续等下去吗？如果这样的话，我们这辈子就什么都不用干了。"

有一次回老家，在跟伟闲聊的时候，他说出了上面那样的话。

我虽不敢说伟的话 100% 正确，但在听到这句话的时候，我的心不由得震颤了一下。仔细想想，我们在很多时候不正是因为觉得时机和条件不成熟而在等待，并让我们在人生中变得被动起来吗？

"等，不但不会让问题消失，反而会导致更多的问题出现。一旦我们开始行动，积极主动去做，往往会发现，那些问题并不是真正的问题，时机和条件不成熟只不过是我们内心的猜测而已！"

乐，曾做过营销，在网上看到一家公司招聘销售业务员的信息，于是，他前去应聘。没想到公司老板委婉地告诉他来晚了，所招收的业务员名额已满。不过公司会考虑他的条件，让他回去等消息吧。

这只不过是老板的一个借口罢了，言外之意，乐是没戏了。

照惯例来说，很多人会放弃，但乐很想得到这份工作，因为这家公司的产品是他曾在另一家公司推销过的，而且拥有部分客户资源。

虽然老板婉言拒绝了他，但是他并不气馁。三天两头去公司找老板软缠硬磨，一遍又一遍地介绍自己的营销经历和经验。诚挚地表示愿意为公司效力。刚开始，老板还听他讲讲，但是时间一长，老板就懒得理他了，甚至多次轰他出去。

无疑，很多人会因此而退却，但乐依然没有放弃。他虽不再去老板的办公室，但是却守在电梯门口，等老板下楼。当看到老板后，他提前为老板准备好了电梯，在电梯里的短暂时间里，他把所有想说的话，精炼成自认为最有效的话，倾诉自己的诚意。他甚至每天换一种"骚扰"方式来达到推销自己的目标。比如每天给老板的手机发一条短信，尤其是节日，他总少不了奉上一条祝福短信。

他的一些朋友知道后，劝他不要再浪费时间，让他重新选择一份工作。可是，乐却像是魔怔了，依然不断地向老板发起"骚扰""攻击"。

终于，他感动了老板，获得了自己所想要的工作。

如果换作是你，你会像乐这样吗？

其实不用多问，我们中的很多人早就放弃了。因为，在第一次见到老板的时候，老板就明确地告诉了我们错过了相应的时机，已经关上了我们进入那家公司、获得工作的大门。但是，乐最终怎么还是成功了呢？

其实，在人的一生中，我们缺少的不是时机和条件，而是是否有一颗敢于行动，并立刻展开行动的心。还是那句话：世界上没有你所想要的100%时机、条件成熟的时候，当你觉得没有任何风险时，恰恰蕴含着最大的风险。

有规划，生命方可升华

如果说你不勤奋、不努力，可能有些冤枉你。但是，为什么你的勤奋与努力得不到应有的回报，还让你陷入到无尽的烦乱之中呢？

以下是发生在我朋友所开的公司的事。

由于业务不断的发展，我的朋友准备在现有的职员中提拔一位当部门经理，候选人有两位：小刘和小邓。他们是在同一时期进的公司，业务能力相差无几。为了切实选对人才，我的朋友想出了一个办法：岗位实习。即让这两个人分别当一个月的代理经理，看看他们的领导能力究竟如何，然后根据实习结果再决定最终提拔谁。

首先走上实习岗位的是小刘。小刘是一个性格开朗并工作积极的人。不管在什么时候遇见他，他都表现得风风火火的样子。如果跟他谈什么事，他往往只会拿出几分钟的时间，如果时间稍微长一点，他会动不动看看手腕上的表，暗示着他的时间很紧张。在他走上代理岗位之后，公司的业务开展得虽然很大，但开销也非常大。因为，他在工作安排上七颠八倒，毫无秩序，以至于很多原本要开展的工作，常被杂乱的东西所阻碍。

接下来的一个月，小邓走上了实习岗位。小邓为人虽然也开朗、工作也很积极，似乎和小刘之间没有什么差别。但是当他真正走上岗位的时候，我的朋友有了一个惊人的发现，那就是小邓能沉得住气，无论别人和他商谈什么事，他总是彬彬有礼。在他的领导下，所有员工都寂静无声地埋头苦干，各样东西都安放得有条不紊，各种事务也都安排得恰到好处。不仅如此，小邓还会在每天晚上抽出时间整理自己的办公桌，对于重要的信件立即就回复，并且把信件整理得井井有条。

两个月的时间很快就过去了。小刘和小邓的表现都被我的朋友看在眼里。当然，他心里也有了一个结果，那就是将小邓扶正，让小邓成为新部门的经理。

你是像小刘，还是跟小邓有几分相似呢？

诚然，我们要想过上自己所想要的生活，需要的是一种积极主动、立刻行动的精神。但从上面的叙述中，相信你也感觉到一点，那就是要想把事情做得更好，我们在行动的时候，还需要有相应的计划和安排，即有一定的规划。

"我们并不是没有努力，而是缺少应有的规划，从而让自己陷入到忙而无效的状态中。"

或许有人觉得，有没有规划并不重要，只需要自己勤奋努力不放弃，迟早有一天会得到自己所想拥有的一切。那么，在这儿要问你一句，你是如此的勤奋努力，从不轻言放弃，为何你总是感到疲惫不堪，并觉得自己仿佛陷入到一个无法挣脱的困境呢？

我和我的一些朋友闲聊，说起自我的人生理想、抱负时，愈发地感觉到"规划"的重要性，甚至都觉得我们目前处境的好坏，就跟是否做个规划以及规划得好还有着直接的关系。

回过头来说说我那位开公司，已经成为老板的朋友吧！他在刚到这座城市的时候，跟我们大多数来到这儿的人一样，带着满腔的热情和包袱，希望在这儿打造出一片天地。不过，他与大多数的人有所区别的是，他来到这儿之前，就对于自我未来的发展做了一个较为详细的规划，即要找什么样的一份工作，做多长时间，要达到什么样的结果，然后要干什么……总之，他对于自己来到这座城市的目的很清晰，并且还设定了做事时间期限。当我们在羡慕他所取得的成绩时，又有谁知道他付出了多少的艰辛，以及又是如何要求自我按照原有设定的规划时间表在奋斗呢？

记得，我们在一起聊天的时候，他深有感触地说，他能做成一番事情不仅仅在于努力，还在于知道朝什么方向努力。他还告诉我们，他之所以能做到这一点，就是在于他对于自己的人生、对于自己所要做的每一件事都有着一个较为清晰的规划。

我还记得，有一次他在说到这些的时候，有人对此持有不同的看法，说什么现今时代可以说是瞬息万变，最好的规划就是"没有任何的规划，应该随着变化而变化"，否则的话，就有可能会限制住自己的能力发挥，令自己处在一种被动的状态中，看不到世界的发展变化，进而丧失良机。

当时，他在听到这句话的时候，淡淡地笑了笑，说规划并非是一成不变的，重要的是我们要知道自己的最终目的是什么，以及是否给予了自己一个明确的时间期限，至于具体的方法和步骤，虽在开始的时候有所设计，但应该根据实际的情况采取灵活机动的方法。

他说规划的根本，并不在于详细而具体地执行细节，而是在于方向以及时间期限。似乎是为了表达清楚他所要说的意思，他跟我们讲了一个不幸掉到水泥坑的老鼠的故事。在他的故事中，那只老鼠在不断地寻找办法逃离困境，最终让它找到了一个方法，它也为之付出了努力，但是因为方向错了，最终饿死在逃离困境的途中。

"规划，是我们要去的大方向，另外，还要给自己一个确切的时间，大概什么时候达到！"

他在说到规划的时候，是这样总结的。

他还说，规划，不仅仅是给予自己的人生以及所要做的事的一个大方向，更是对于自己所提出的一个要求。

他还意味深长地说我们大多数人对"规划"的理解有误，太过于注重对于事物的统筹安排，却忘了一件最为重要的事，那就是结果才是最重要的，不管我们采取的是什么样的方法和策略。

我不敢说他说的全对，但却让我意识到了一个极其重要的问题，那就是我们在做规划的时候，虽说不至于真的忘记了自己到底想要什么样的结果，但是太过于注重应该怎样达到这一目的的方法和技巧了。而最终的结果，是纠结于这些方法和技巧上，让自己失去了原有的灵活机动，在行动中变得刻板、机械，影响效率，进而让我们陷入到盲乱的状态中。

　　你是不是也是如此呢？

斑斓的人生，要用激情点燃

如果说人生是一副艺术作品。要完成这部作品，并使之成为著作，需要以激情面对，方能让它鲜活。

激情，不仅是一种生活态度，更是难能可贵的品质，对于我们每一个希望拥有幸福美满人生的人来说，只有充满激情地去面对生命中一切的人和事，才能点亮我们的人生，让我们的生命充满炫丽的光。

"只有激情，巨大的激情，才能震撼灵魂，成就伟大的事业。"

有一位哲人曾说过这样的一句话。事实上，也是如此，只有当我们拥有了激情，才能释放出巨大的潜在能量，激活身体的潜质，并发展出一种坚强的个性；同样，当我们有了激情，才能让枯燥的工作变得生动有趣，并对工作充满了渴望，产生一种对事业的狂热追求；不仅仅如此，当我们有了激情，还可以感染与我们接触的每一个人，让我们拥有良好的人际关系，并随着人际关系网的不断扩大而放大能量。当我们充满激情地去面对生活，它就像是一块磁石，让我们获得更多发展的机会，并更快地走向成功。

然而，在现实生活中，我们不少人就是对生活、对自己的工作，缺少那么一点点的激情，而封印了自我的能力，限制了自身的发展。

例如，在我们的身边，有许多的人虽然每天也是朝九晚五地上班，在做着领导或者上司所交代的工作任务。可是，他们每天早上上班时，几乎是一步一蹭地挪到公司的，然后无精打采地开始一天的工作，对待工作是能推就推，能拖就拖，就盼着下班的时间早些到来。

你说说看，像这样对工作缺乏起码热情的人，能想着把工作做好，又能取得较好的业绩吗？

可能会有人说，并不是他不想充满激情地面对一切，而是眼前的一切让他们觉得无激情可言。例如，所做的工作，并非是他们真正感兴趣、想做的；还有的就是，看着别人事业有成，有房有车，家庭和美幸福，而自己却还在给人打工，所得薪水十分微薄，抛去日常生活必须开销外，所剩无几……是的，像这样，别说我们是否能以一种激情去面对世界，可能脸上都难以露出笑容了！

不过，在这儿要问你的是，我们紧锁眉头、抱怨、牢骚能让我们的人生发生改变吗？

人生不如意之事十有八九，就像这句老话说的一样。在人的一生中，不可能有谁能真正地做到一帆风顺，即便是那些让我们仰视，甚至是膜拜的伟大成功人士，他们都会遇到这样或者是那样的不如意的事。当我们现在抱怨时运是如何的不济时，你又怎么会知道，他们在没有取得后人所知晓的成就前，处境比我们好？但是，他们并没有因此而哀怨，让自己处在一种消极而被动的情绪状态中，反而充满了激情地面对一切。这或许就是我们普通人跟那些伟大的成功人士之间最大的区别吧！

"很多时候，并不是我们真的不能做到，而是因为缺乏应有的激情。"

接下来，就让我们一同来看看发生在孙先生身上的事。

孙先生曾是一名销售业绩极为突出的推销员，然而，有一段时间，他不但没能取得像以往那样的业绩，甚至成绩还在直线下降。

他所在部门的经理见此情景提醒他要注意。如此一来，孙先生对自己越来越没有信心，甚至对这份工作也产生了一些厌烦的心理。连认识他的人都感觉到，孙先生已经失去了往日的热情和锐气，变得消沉和暗淡。他的这种心情直接影响到了工作，并又反过来影响了心情。

经理眼看着孙先生一天天消沉下去，曾多次开导他。可是，孙先生根本就振作不起来，这可把销售部的经理给惹火了，并给他下了最后通牒，如果再这样的话就走人。

经理的话虽然强硬，显得有些无情，但是他并不希望孙先生就这样离开公司。毕竟孙先生可一直都是个业绩相当不错的员工，只是近期的确有些太不像话。在对孙先生施压后，为了把孙先生激情和信心激发出来，经理还是想了办法。

这天，他把孙先生叫到办公室，让他在每有空闲都向自己输入一个自己喜欢这份工作的观念。孙先生接受了他的建议，并且从那一刻开始，只要有空闲，就会对自己说"我热爱我的工作，我一定能做好。"

在经过一段时间后，孙先生的潜意识已经强迫自己接受了这句话，并开始相信了。而从那一刻开始，他觉得自己恢复了以前的活力和激情，他觉得自己浑身上下充满了自信和喜悦。

带着这样的积极心态，孙先生去见一位客户。一开始，客户的表情和语调都是冷冰冰的，婉言拒绝了孙先生。如果放在以前，孙先生便会放弃。但是这一次，他脑子里始终想着是"我热爱我的工作，我一定能做好"那句话。那句话，把他的激情和真诚充分调动起来。他充满热情地向客户介绍自己的产品，叙述产品能给客户带来什么样的好处。令人激动的事情发生了，刚刚还冷着一张脸的客户，面上出现笑容。他接受了孙先生。

这是几个月以来孙先生拿下的第一个订单，也是较之以前要大很多的订单。在那一刻，他变得激动起来。

是什么让孙先生说服了客户，最终促成了交易呢？

无疑，是他对于工作的激情。相信，现在的你已经知道了激情所带来的伟力了吧！

"当我们心中充满了激情时，不仅仅能把事情做得更好，还能影响到他人，可以缔结良好的人际关系网，为人生平添助力。"

我们都知道，一个人的人生能取得怎样的成就，除了自身的努力外，还需要外界的助力。说得更为直接一点，就是人际关系网络的作用。无论是我国古代的智者，还是现当代的西方成功学家，都无一例外强调过人际关系的重要性。卡耐基就曾说过：一个人的成功，15% 来自于自身的努力，而 85% 却在于人际关系。

那么，我们怎样才能缔结良好的人际关系，成为一个受人欢迎的人呢？

让自己的心中充满了激情，热情地面对每一个人和事，就是最基本的要求。因为，没有人愿意同一个整天萎靡不振的人交往。对于那些精神低落、整日里牢骚满腹、怨天尤人的人，我们大多数的人都是避而远之的。如果你稍稍留心，便会发现那些生活得不怎么如意并缺少朋友的人都是些喜欢抱怨的人。

"我们人生的色彩是由我们自己书写的，而颜料就是我们到底做了什么样的事，做出了什么样的成果。"

如果把人生当作一幅画的话，我们要呈现出最为美丽炫目的画面，就必须让心中充满激情，那样色彩才会更为炫丽，才会充满活力和情趣。事实上，人生原本就是燃烧释放自我的激情和情绪的过程。

其实，无论我们目前的处境怎样，时间不会因为我们心情好不好而变慢或加快；也不管我们是激情四射，还是消极低沉，我们都需要完成自己人生的这幅画卷。

难道，你不想让自己的人生画卷变得丰富多彩吗？既然如此，你又何必像是涂鸦一样地去涂抹呢？或许，当我们以一种激情去面对人生时，激情会融化掉那些生命中不和谐的色彩，让我们的人生变得鲜活。

你需要的是专注、专注、再专注

你所谓的那些不可能做好的事，为什么别人能做好，只是他比你更为专注而已。当我们在惊叹于奇迹的诞生之时，又有哪一份奇迹的诞生，会有专注缺席。

春节回家的时候，和几位平时关系较为不错的同学搞了一个小规模的聚会。聊天时，问及一些其他同学的近况。说林现在玩大发了，就在前不久被评为当地最杰出的青年企业家。

当听到林这个名字时，我不由得愣了一下，虽然在努力地回想有关于他的一些记忆，可惜的是由于当时我们那个班上的人较多，他又很少跟我们这个圈子里的人玩，再加上毕业都已经十年了，在这期间近乎是失联，也只能有一个模模糊糊甚至不确定的印象：他学习成绩不怎好，家庭条件一般，而且很老实。

就在我想着这些的时候，在座的几位仿佛找到了共同话题，都谈论起林来。通过他们的叙述，我感到有些震惊，因为林自高中毕业后因为没有考上大学，就回到了乡下去养牛，十年如一日，不管遇到任何的困难或者是别人怎么劝他，他都没有改变初衷。

他们在说到林的时候，不少人说开始的时候并不看好他。

刚还说起了一件事，那就是在林准备养牛的时候，因资金不足还找过他，希望他能借点钱给他。刚说，他那个时候感到有些为难，不借吧，对方是同学，不好拒绝；借吧，却又担心对方弄不成，到时候没钱还。不过，他在想了想后，还是借了一笔钱给林。刚在说着这些的时候，对林能获得现在的成就显得很是吃惊，说什么他真的没有想到林会做得像现在这么成功。他在说这句话时，用了这样的一个词"鬼事"。

他的原话是这样的"鬼事呗，他还真的做成了。"

在刚以及那天在座的几位同学看来，林的成功是一个奇迹，是无法用常理解释清楚的。

说真的，我并不认同刚和其他同学的说法。因为，我相信一句话"凡事有因才会有果"。林既然能做得现在这么大，肯定是有原因的，只不过我们很多人没有看到而已。那么，究竟是什么成就了现在的他呢？我不免推测起来，想到了很多的理由，但是，那只不过是一种推测而已。

巧的是，就在这个时候，刚接到了一个电话，说是林打来的，并说林知道我们在这儿，让我们稍微等一会儿，他马上就过来。

"我没有其他别的想法，只是想着怎么把牛养好。"

林来了之后，我们充满好奇地追问其成功的秘诀，过了好长时间，才憋出这样的一句话。而在我们充满了疑惑的目光中，他不免变得尴尬起来。他说他真的不知道怎么说，也没有什么可以说，在养牛的这几年，他把全部的心思都扑在了牛上，几乎连吃住都在牛棚。他说他并没有找什么关系，做什么广告，自己都不知道怎么突然一下就有很多的酒店、饭店找到他希望能长期供应牛肉。

你是不是觉得这也太简单些了吧？难以相信林所说的是真的。

"在经过认真思考确定目标之后，就应该将全部精力集中在选定的目标上。"

我忽然想起了在某本书上看到的这句话。这句话是哈佛大学爱德华·班菲尔德博士 50 多年研究发现，并得出了这样的一个结论：成功大多来自于对目标坚持专注的态度。

林之所以获得成功，取得了让我和我的同学觉得是奇迹的成就，不恰恰就是因为专注吗？

事实上，当我们在赞叹那些成功人士取得令人瞩目的成就时，如果仔细看看他们成功的经历，都会发现"专注"从未缺席。

万·列文虎克发明显微镜，活了 90 岁的荷兰科学家。他在初中毕业后，找到了一份替镇政府看大门的工作，一干就是 60 多年。在工作清闲的时间就磨镜片，他专注、细致，一磨就是 60 年，磨出的复合镜片的放大倍数，比别人的都要高，让人们认识到了当时科技界尚未知晓的另一个广阔的世界——微生物世界。像他这样因为专注而创造奇迹的人举不胜举。在看介绍比尔·盖茨成功经验的文章时，就说到了他之所以能缔造出庞大的微软王国，就跟专注有着莫大的关系。

我们未能把事情做好，所缺的就是一种专注。因为，人的精力和时间都是有限的，集中精力于某一点，就容易把事情做好，如果把自己的精力分散到许多方面去，结果肯定不容乐观。

在这儿，我不由想起了曾在某本书上看过这样的一段文字：

"有人把勤奋比作成功之母，把灵感比作成功之父，认为只有两者结合起来人才才能产生。而专注则是勤奋必不可少的伴侣。专注使人进入忘我境界，能保证头脑清醒、全神贯注，这正是深入地感受和加工信息的最佳生理和心理状态。人一旦进入专注状态，整个大脑就围绕一个兴奋中心活动，一切干扰统统不排自除，除了自己所醉心的事业，生死荣辱，一切皆忘。灵感，智慧的天使，往往只在此时才肯光顾。没有专注的思维，灵感是很难产生的。"

在有所抱怨时，立刻行动

无论你如何调整心态，那些让你有所不满和抱怨的事，不会就此消失，你只是选择性地对此视而不见。最简单、最直接的方法，就是立即行动，拔掉这些让你不满和抱怨的刺。

一次，跟朋友敏聊天时，他忽然问我对现在的自己是否满意。他希望我跟他说的是真话。

在听到他这么问之时，我不由得愣了一下，不知该如何回答：说满意吧，似乎并没有做出哪些让自己感到满意的成绩；不满意吧，好像感觉自己还可以。

我迟疑了片刻，笑着跟他说，说自己也无法说清楚，满意的也有，不满意的也有，并像哲人一样发出感慨，说人生或许就是如此，不可能十全十美，或多或少总有那么一点点的遗憾。

他在听完我的话后，脸上强挤出一丝笑，说我的心态真好，活得明白。然而，他却难以做到这一点。他说这可能就是我跟他之间最大的差别，还说或许我正是因为如此，才总是有笑容浮现在脸上，才……他说了很多很多，在表示羡慕我的这种生活状态的同时，抱怨自己怎么不能做到这一点。

我不知道他是不是遇到了什么不如意的事，便劝慰他，说他可能想多了，其实他完全可以生活得比我快乐、幸福。

然而，我的劝慰却成了点燃他心中不满和抱怨的导火索，在接下来的时间内，我听到了有史以来最为强烈，也是最具有特色的不满和抱怨的语言，说什么"理想丰满、现实骨干""这年头要的不是人才而是奴才""那些书上说的都是骗人的"……

在他不满和抱怨的言语中，我也渐渐明白了是怎么回事。

引起他如此巨大反应的，是他觉得自己的上司不懂得识人用人，颇有些怀才不遇之感。

像他这样的人在现今极为常见，很多人不是抱怨自己没有被老板或者上司重用，难以将自己的才华发挥出来，便是认为自己的工作是世界上最无聊、最繁重的工作。

他们不满于自己的工作、自己的工作环境，甚至包括自己的同事。

确实，在人的一生中，有很多的事不会完全如我们的意，有所不满是再正常不过的事。

既然，我们有所不满，就得想办法从这种状态中走出来，把"不满"化作"满意"啊！可惜的是，很多人并没有意识到这一点，所做的只是发牢骚，或者抱怨。

这样做的结果，只会让我们的处境变得越来越差，最终会销蚀掉我们原有的激情与主动，召聚到更多的，甚至是原来没有预想到的困难和阻碍出现。

"抱怨，解决不了任何问题，只会令我们朝着更为不幸的人生前行。"

下面所要说的事例，便是一个很好的论据，证明了这个论点。

　　孙是国内某名牌大学的毕业生，在各方面的表现都很不同凡响。他在现在的公司工作了近三年。虽然在这段时间内，他凭借着自己的学识和努力为公司创造了不小的价值。但是，像这样的"功臣"，并能力突出者，却没能得到领导的重用。

　　在职场中，谁不想得到领导的重用，成为公司不可或缺的员工呢？孙当然也一样，如此一来，他便感到了有些失落，并且这种情绪变得越来越强烈。于是乎，一些抱怨、不满的语言便会从他的口中说出。一来二去，这些言语传到了领导的耳中。可能，孙在抱怨的时候，没有想到，本来领导是准备提升他的，而因为这些抱怨的言语，让领导取消了这一决定。

　　你或许为孙而不平，觉得他的领导也太小心眼了。但是，我们换一个角度去想，如果你是那位领导，在听到孙的抱怨语言后，心里面会怎么想呢？

　　无疑，你会觉得心里不怎么舒服，而当你心中有了这种感觉后，自然而然就会对孙有看法，结果会怎样，我想就不用我言明了。

　　你可能会说，你这么说太过于绝对了，像这样的领导毕竟是少数，大多数领导还是明事理的，不会因此而否定一个人。在这儿，我只能说，你太过于天真了，似乎忘了一个事实，那就是人们在做某一决定的时候，大多是处在感性状态，而非理性。就如同你在超市看到某一件较为不错的商品，当你在想到底是买还是不买时，就已经注定了十有八九会转身离去。

刨除上面所说的那种心理，就大多数人对抱怨者的印象，也注定了孙的这种结局。缺乏应有的热情和自信、不敢于承担等，就是我们对抱怨者最直接的印象。

不仅仅如此，抱怨还会让我们陷入到恶性循环情绪状态中，再看到不满的地方，就会习惯性地开始抱怨，然后发现无论怎样抱怨，事情依旧没有改观，这个时候产生的就不仅仅是不满了，同时还觉得自己受到了伤害，于是更多的抱怨和不满就产生了。

这种恶性的循环所带来的就是无尽的抱怨，长此以往，又怎么能静下心来把事做好；又如何不会影响到自我的人际关系，让他人厌恶，成为一个不受人欢迎的人呢？理所当然，你人生的前途，也会因为抱怨而变得阴云密布了。

"行动，是治愈抱怨最好的药。"

我们似乎都知道抱怨对自我人生所带来的破坏力，然而怎样从这一不良的情绪中走出呢？在很多人看来，就是要调整心态，接受这个世界的不完整，不要把目光盯到不好的方面，而是要看到美的、好的一方面。

说真的，在我个人来看，觉得这有点不靠谱，有点像江湖郎中抓的药方，或许能暂时缓解一下病情，但无法根治。

因为，我们很多人之所以抱怨，表面看起来像是由看到不好的一方面而引起的，但若要追究其根本，则是在于对自我现状的不满。

就拿敏来说吧！他之所以抱怨，不就是认为自己有能力可以做更为重要的事，创造出更多的价值，而领导没有把他放在他觉得自己应该处的位置，去做该做的事吗？

我们的这种不满，实质上是心中的期望值跟现实的结果之间产生巨大的落差造成的，而要彻底地清除心中的抱怨，就是要拔掉那根刺，让自己满意起来，即填平期望值与现实之间形成的鸿沟。

要做到这一点，毫无疑问，就是行动，积极主动地去做。而在我们行动的过程中，虽说现实的结果不会完全与心中的期望值重合，但之间的距离会在不断缩小，此时，我们心中的满意程度不就是在逐步提升，不满意逐渐减少吗？如此一来，我们的抱怨是不是也会随之减少，又怎么会抱怨连天呢？

"有所作为是生活中的最高境界。而抱怨则是无所作为，是逃避责任，是放弃义务，是自甘沉沦。"

一位伟人曾说过这样的一句话，而当我们知道了抱怨就是对于现状不满意所导致的，为什么还要把时间放在抱怨上，而不展开实际的行动，将"不满"化作"满意"，剔除那抱怨的病根呢？

我们要记住的是，不论我们处于什么境况，即便是你对所有的一切再怎么不满意，喋喋不休地抱怨，注定于事无补，只会让我们不满的情绪变得越来越严重，抱怨也就越来越多了。

要速度，也要品质

快，不等于好，会因为追求速度而丧失品质；好，有可能会失去时效，让我们错过做好的时机。只有又快又好，我们才能在瞬息万变的时代中稳步前行。

这是一个全世界都在奔跑的时代，我们越来越重视效率，追求速度，这似乎给人一种错觉，快才是决定胜负的最终因素。确实，在现今快节奏、瞬息万变的大时代背景中，我们要想获得比别人更好的发展，就必须注重效率，要比别人快。

但，这并不是说，为了追求效率，就可以在品质上有所忽略。因为，我们仅仅只是做得快是没有任何用处的，还要好。然而令人遗憾的是，很多人追求的只是速度，而忽略了品质，觉得差不多就行了。如果，有人说他，他可能还会举出无数鲜活的事例出来，告诉你，那些成功的企业所推出来的爆品，又有哪几个真正做到品质可靠，不是为了抢占先机在第一时间占领市场，而推出来的一些存在瑕疵的不成熟产品呢？他们可能还会说，你追求品质，想要把它做得好，不需要花时间、精力，不需要成本投入吗？你可能做得更好，但你还没有完成，别人都已经做完了。

急切、浮躁，已经成了这个时代人的通病，而因此所带来的后果，则是让我们变得更为急于求成，难以真正地静下心来把事情做好。虽说，这其中有人因此而获得了成功，但大多宛如昙花一现，因一时的获利而失去了更多的获利机会。

求利反失利，这便是这类人人生最终的真实写照。

"不考虑结果地追求效率，等于自废武功。"

这是孟说的一句话。

孟是我老家地方晚报的记者，因为我曾在该晚报实习过，所以认识他，并且跟他的关系还较为不错。前段时间，他出差到了我现在所在的这座城市，说起了他曾经采访的当地一家企业的事。他说，那家企业原本可以做得不错，但是因为太急于求成，在研发、生产产品的时候，只是注重效率，而忽略了产品的品质，最终把自己的牌子砸了。

孟像上面那样评价那家企业，很形象。

在他说出那句话的时候，我忽然想到了武侠小说中经常提及的正统武功和邪派武功。在所有的武侠小说中，主人公所学习、修炼的都是正派武功；反派则学的是邪派武功。其实，不用阅读，我们都知道，主人公在开始的时候战斗力跟反派差得不是一点半点，修炼邪功的反派都可以把主人公甩好几条街。前期，主人公也一直是受虐对象。但最后的结果，却是主人公修成正果，成为当世的绝顶高手。而原来威风八面的反派，要么是被主人公反虐，要么就是因为修炼的是邪功而遭到反噬，不得已散功，成为一个普通人。

仔细想想，那些只是追求效率而忽略品质的，不就像是武侠小说中修炼邪派武功的大反派吗？

"倘若你是追求速度，你就会始终处于被动的追逐状态。"

有人可能会说，他们并非不知道只有把事情做好才能真正地得以成功，然而在现今这个竞争激烈，节奏快得让人行走都要小跑的时代，已经没有更多的时间、精力和资本，让他们去精心打造某一事物，而在这个时代，人们似乎追求得更多的是一种新鲜感，而非品质。

这样说有一定的道理，但是，我们很多人恰恰就是因为如此而令人生变得被动，并让自己不知不觉地陷入到人生发展的困境。原因很简单，人们对于某一事物的新鲜感是难以保持长久的，你需要不断地寻求新的、让人们感兴趣的事物来吸引他们的眼球。

在南方的某沿海城市，有一位私企老板就曾跟我说，他真的想把自己现在的企业关闭了，静下心来认认真真地去研发、生产某一产品。这位老板的企业生产的是一些时效性极强，有一定创新创意的产品。对于他的这种说法，我感到奇怪，因为他生产的一些产品是符合现在市场的啊。于是，我问他为什么。他说，他真的很难，不仅仅是他，他企业的每一个人都很累，表面上看起来他的企业是赚了点钱，但是随时随地都可能有破产的危险。他说，他的那些产品，由于急着要投放市场，有很多都没有完善，满足的只是人们的一种好奇心、新鲜感罢了，完全没有什么生命力。他还说，如果让他重新选择，即便是做现在这一行，也不会像现在这样，而是要认真地研发，不只是考虑速度。

我问他如果那样的话，还能赚钱吗？

他异常肯定地点点头说能，因为最终打动人的是品质，而非标新立异。

"只有做到位，才能真正的有结果。"

在现今的时代，为什么我们会变得如此急切、浮躁，会在抢时间，比速度，而忽略了对于品质的追求呢？这既可以说是受到了周围大环境的影响，但归根结底在于我们追求利益的心太重，太过于急于求成。

诚然，我们在做任何事的时候都不能忘却时效，但同样不能忽略了品质。

有一个农民，在院子里种下两株小树苗。其中有一棵，为了长成一棵参天大树，便拼命地从地下吸收养料，储备起来，用以滋润每一个细胞，盘算着如何向上生长，完善自身。因此，在最初的几年内，这株树并没有开花结果。

另一株，虽然同样拼命地从地下吸取养料，但是它所想的只是早一点开花结果。它做到了。

于是，农民对这两株树的态度明显不一样，对于前者他不怎么打理，而对后者则是细心呵护，不断地浇水施肥。

日升日落，转眼间几年过去了。那株久未开花的大树由于身强体壮，养分充足，终于结出了又大又甜的果实。而过早开花的树，却由于还未成熟，便承担起了开花结果的任务，因此结出的果实苦涩难吃。某一天，农民用斧头把它砍倒，当柴烧了。

相信在看完上面的这则小故事后，你已经知道了单纯地追求速度而忽略品质的危害了吧！

你要想真正地改变自己的人生，让生命变得更为精彩，敬请把目光放远一点，少一点利益心，脚踏实地，把事情做好，在追求效率的同时兼顾到品质。而你的做事风格，则正是你人品的体现。

人品好，又怎么不会有高品质的人生呢?

行动是最好的解决问题的方法

在做一件事的时候，我们想了很多很多，考虑怎样做才最具有效果。但那只是一种假设，真正的问题是在行动中遇到的。同样，只有在这个时候，我们才能根据实际情况，找到最合适的方法把它做好。

有一句话叫做"凡事预则立不预则废"。什么意思呢？我们都很清楚，那就是在做任何事情之前，要做好准备，要有所规划。

没错，像这样做，我们能有效地避免在执行过程中出现的问题，可以使得成功的系数提高。但是，不管我们的准备做得多么充足，规划做得再好，都不可能，也不会确保就能100%成功。因为，在实际的操作执行过程中，根据以往的经验，我们可以预测到会出现什么样的问题，但是具体是什么问题，是不得而知的。除此之外，由于一些特殊的原因，还可能出现我们不曾想到的问题。

在这儿，我并非否定准备和规划的作用，而是应该有"度"，切不可拘泥于此，把大量的时间和精力花在这方面，以至于影响到执行。

现实中，有许多的人就是因为如此，丧失了最佳的行动时机，令原本唾手可得的成功从自己的手指之间滑落。

军，在商场中沉浮了若干年。虽说他的企业小有规模，有一定的实力，但是由于这是他一手打拼出来的，并深知商场的风险。因此，他在做任何事的时候，都十分谨慎，会让企业部门的负责人给自己一份较为详细的计划书。在接到计划书后，他都会认真地研读，分析每一项数据，从而来判定是否可行。

我有位关系很不错的朋友，他有个亲戚就在军的公司上班，并且是市场部的经理。

有一次，我们聚会的时候，无意间聊起了军，便问他在公司怎么样。他皱着眉说，他现在主要的工作就是做计划，除了计划就是计划。

他说，他真的不知道他们的老板到底是怎么了，无论他们做的计划怎么样，他们的老板都觉得不怎么完善。

我笑着问他，除了做计划，难道就没有做点别的吗。

他说，计划都被否定了，就是想要做些什么老板也不同意啊！

我们在聊天的时候，我看出他对他们的老板，也就是军有不少的意见；而从他所说的内容中，我也知道了，军正是因为如此而失去了不少让企业进一步做大的良机。

"在这个世界上没有 100% 完美的规划，我们祈求用完美的规划来降低风险，其实就是最大的风险。"

军之所以如此，就是内心深处怕输心理在作祟，害怕失败，害怕失去现在所拥有的一切。纠结于准备和规划的人，大多都是如此。

对于这样的人，我虽然表示理解，但并不赞同。试想一下，在这个世界上，我们做什么事不会有风险存在呢？如果老是考虑风险，我们又能做些什么呢？

再想想吧！我们还在幼儿期，开始学习走路的时候，不是照样存在会摔跤的风险吗？难道因为这一风险的存在，我们就不去学习走路了吗？

诚然，我们每一个人都希望在做任何事情的时候都能获得成功，不愿意接受失败。我们也总是祈求将风险的系数降到最低，这看来是较为稳妥的一种方法。

实质上这种祈求安全的做法，恰恰就是最不安全的，让我们变得就像是背着重壳的乌龟，在缓慢地朝前爬行，一旦感觉到有危险，就把脑袋缩到龟壳之中。如此一来，我们的生命时间很长，但又能走多远呢？

虽说，我们习惯于"以成败论英雄"，但每一个人的成功，哪一个不是披荆斩棘，战胜无数的困难，经过了无数的风险洗礼。

在这儿，我不禁想起了一些听得让我们的耳朵都起了老茧的话，如"不经历挫折就不能成长""阳光总在风雨后"等等。

"无论你的规划做得多么的周密详细，但是导致你计划是否

得以实施，能否达到你所想要的结果的，是你在实际的执行中，面对具体的事情所采取的具体办法。"

对此，或许有人会心存疑问，觉得不做准备和规划就行动有点盲目，不靠谱。

敬请注意，我们不是不做任何的准备和规划，而是不要把时间和精力都花在这上面。应该在做了相应的准备和规划后，立刻展开行动，并且根据实际的情况去调整自我，寻找到最好的解决方法。

我还记得在一本书上看到的两只蚂蚁的故事。

有两只蚂蚁一起外出寻找食物。

突然，它们闻到了一阵扑鼻的香气，便顺着香气一路寻找，结果被一道墙堵住了。很显然，要想得到食物就必须要越过这道墙。

其中的一只来到墙下，马上就制订了一套计划：爬过这道墙，只要做到这一点，那么美味的食物就是自己的了。于是，这只蚂蚁毫不犹豫地向上爬去。可是让它没有想到的是，这堵墙又高又陡，它爬到一半，就由于过度劳累支撑不住而跌落下来。但是，这只蚂蚁却丝毫没有气馁，没有被眼前的失败吓倒，而是一次次按照事先制定的计划去做。最终，因为墙太高，它未能如愿。

另一只蚂蚁也来到了墙边，它虽然也意识到美味的食物就在这堵墙的后面，只要越过这堵墙，就能获得美味的食物。可是，当它发现那堵墙很难爬，前一只蚂蚁正从上面掉下来，仅凭借自己的能力是无法逾越的，只有另想他法才能如愿。于是它便选择绕过墙去。就在前一只蚂蚁苦苦奋斗时，这只已经在那里津津有味地享受自己的战利品了。

这就是那两只蚂蚁的故事，在看完后，你是否想到了点什么呢？

"解决问题最好的方案、方法，就在实际的行动过程中。"

这就是在我看完这个故事后所得到的启示。

第五辑

你 需 要 的 是 不 遗 余 力 的 努 力

/ /

成就你的根本在于你的实力

成就我们一生的根本在于我们自身所拥有的实力，尤其是专业方面的能力。当我们有能力独当一面时，就能得到无限的成长空间。

专业学习程序编写的邱冰，在应聘某 IT 公司部门经理的时候曾经扬言自己的专业能力相当过关，只要是这个领域内的一般问题，他都能轻易解决。

公司老板相信了邱冰，并录用了他。在第一个月的时间里，邱冰确实解决了一些问题，但是这些问题都是常见的、非常容易解决的。老板最后决定给他一个真正的任务挑战一下。

当时有个民办学院委托这个公司开发一个签到系统，因为学院原有的签到系统被破坏，极其混乱，很多学生常常因还未上课就被记名，甚至还"自作主张"地给老师扣分，这种情况持续了一段时间，使学校的管理工作陷于混乱之中。

接到这个任务的时候，老板问邱冰有没有把握做好，邱冰为了不让老板怀疑自己的实力，便一口答应下来。

原定一个月内完成的任务，邱冰不仅没有完成，而且还做得相当不成功，漏洞百出。心急火燎的老板便让邱冰进行改进，可是一个月的时间又过去了，仍然没有任何突破性的进展，而学校的混乱现象却更甚。老板生气地撤掉邱冰，用了另外一个人，此人不到半个月的时间就全部搞定。老板说："我不能重用一个在关键时刻无法为公司独当一面的人！我更不能重用一个说大话、吹牛的人。"

经过这次事件，邱冰不仅没有吸取教训，还开始抱怨老板：忘恩负义、卸磨杀驴……甚至还抱怨老板重新启用、并且成功开发签到系统的小员工。

你是不是也像上面说的邱冰那样，觉得老板或者上司对待你不公平，没有予以你重用呢？在这儿，我奉劝你还是赶紧把这种想法清除。你要知道社会是现实的。在我们生活的这个世界，你要想成就自己非凡的一生，就得拿出相应的资本。就拿职场来说，我们要想成为深受领导或上司器重的员工，就必须拥有一定的专业知识，并因此而给企业带来相应的经济效益。如果，我们不能做到这一点，无论在工作中的努力、态度有多么端正，依然难以得到更好的发展。当然，像这样的人也就难以真正地把握住人生的主动，过上的也只能是低配的人生了。

那么，我们如何才能提升自己的专业知识呢？

"爱上自己的工作，全心全意地投入到工作之中。"

态度决定成败，类似这样的话听得我们的耳朵都起了老茧。我们要想提升自己的专业能力，就必须用一种正确的态度去面对自己的工作。现实中很多人却总是把工作看成是谋生的手段，是逼不得已的事。于是，他们自然而然地认为，在每个工作日的 8 小时工作时间内努力就够了，至于其他的时间便很少会去考虑跟工作相关的事。

不知道你是不是也是这么想和做的，但要告诉你的是，如果你持有的是这种态度，人生就难有更好的发展。原因很简单，那就是能力的提升需要在实际的操作中磨砺，需要时间的积累。我们常说的"熟能生巧""量变引起质变"所说的就是这一道理。这也就是说，我们要想提升自己的专业能力，就必须把更多的时间花在工作上。倘若我们只是把工作的目的看成是获取薪水，又怎能正确地面对工作，把更多的时间和精力用在工作上呢？当然，我们也就很难令自己的专业能力得到提升了。

"不可满足尚可的表现，努力让自己增值。"

曾记得有位哲人说："成功就是不断地超越自己。"然而，在现实中有很多的人却极易自满，为自己所取得的一点点小成绩感到沾沾自喜。他们的这种心理注定了他们的人生难以取得更大的成就，并且会被不断发展进步的社会所淘汰。

我们要想摆脱被动的人生，就应当摒弃这一心理，每天问问自己："今天我能做些什么使自己变得更有价值？"如此一来，我们便会发现，其实有些事还能做得更好。当我们尽力去做，并以一种高要求去要求自我时，就会将自己潜藏的能力一步步地激发出来。事实上，专业水平的提高，从某种意义上来说就是一种潜力的开发，潜力挖掘得越多，能力提高得也就越快、越多。

"命运在自己的掌心""我的人生我做主"，这样励志的语言听起来确实令人热血沸腾。但，我们的人生并不是因为懂得这些语言就会变得一帆风顺，更不是我们想怎么样就能怎样，而是在于我们拥有怎样的实力，以及如何通过实力去创造更多的价值。这就像建造房屋，即便我们想要造房子的愿望有多么强烈，也不管设计图纸有多好，如果没有足够的资金用来购买所需的材料和聘请建筑工人，那只能说是一个美好的梦。

　　没有相应的专业知识，不就像缺乏足够的资金想要盖房子吗？

你的竞争对手，就是你最好的"学习对象"

我们很多人也在不断地努力学习提高自我，为什么仍然难以提高呢？原因就在于，他们没能找到一个较好的学习对象。

小丁是某大学中文系的毕业生。他在 2005 毕业后就到一家企业工作，职位是一名普通的推销员。跟大多数应届毕业生一样，刚开始，小丁也是一百个不愿意做这份工作。但是迫于现实，才不得已接受了这份工作。

每天上班都是千篇一律，早上到公司产品库，领取产品，然后出去拜访客户，晚上回到公司，再把没有卖掉的产品还给产品库。每天都重复着相同的工作内容，小丁感到枯燥乏味，并心生抱怨，动不动就发牢骚。

一次，小丁所在公司的竞争对手推出了一款新产品，无论是品质还是价格都比小丁所在公司现在销售的同类产品有优势。如此一来，使得原本就很难把产品卖出去的小丁等人更难有机会把产品卖出去了。现实几乎把小丁逼入了绝境，他越是着急越找不到解决方案。

正当他身处人生最困惑、无助的关口之时，他的一个老同事给了他一些指点：你要想改变现状，唯一的办法就是学习。

要想在短时间里学习到自己所需要的技巧，最好的办法就是向你的竞争对手学习，从和你业绩最相近的那个对手学起，看看别人身上有什么优点，这个学习完了，就学习另外一个，记住要不断设置自己的学习对象，这样才能一步一步提高。

在老同事的指点下，小丁半信半疑地开始了学习。果然，在一段时间过后，业绩开始有所回升。于是，小丁又换了一个对手作为学习对象，一段时间之后，业绩得到了进一步提升……这样不断地换了几次之后，他已经成为了全公司业绩最好的业务员了。一年后，他被提拔为业务部副经理。

从丁的身上，我们发现不断设置自己的学习对象对于我们的成功来说是非常重要的。可是在日常的工作中，我们该如何才能很好地设置自己的"学习对象"呢？

"学习，就要设置一个学习标杆，向标杆学习。"

或许很多人都有这样一个经验：长跑比赛，如果有对手跑在我们前面，我们就会奋起直追，直到超过对手为止。可是一旦我们独领风骚了，我们就很难保持住，很容易被别人超过。这是为什么呢？说到底还是标杆在起作用。在标杆的激励作用下，能够最大程度地激发出我们的斗志，从而以高昂的士气和良好的状态赢得很好的结果。毕竟任何一个人、任何一家公司，都或多或少存在一些自己没有发现的弱项，只有将自己和别人进行全面比较，我们才会发现这些弱项，才会说服自己真心诚意地向别人学习。

"我们究竟要向谁学习？"

很多人之所以没有成功，是因为他们没有学习别人的经验。对于这些人而言，就应该设置一个学习对象，引导自己走向成功，即寻找自己的学习榜样。

向对手学习、获得提高是一个长期而复杂的过程，为了获得良好的和可以预期的效果，就必须拥有一套严密的实施步骤。而其中要进行的第一步就是：寻找自己的学习榜样，即，你要向谁学习。

在寻找学习榜样的时候，一定要选择在某些方面比自己强的人，甚至是公司、行业内一流的人，这样才有鲜明的对比性。当然，你也可以将竞争实力最强的对手作为自己的学习榜样。

"最好的学习对象应根据自己的目标选择。"

那么，我们该如何才能寻找到自己的学习对象呢？要想解决这个问题并不难，关键要明确自己的目标，即根据自己的目标寻找学习对象。并且，这些学习对象可以是人，也是可以企业，还可以是一种理念或者思维。

从认知的困境中解放出来

认知决定方法，方法决定成败，只有我们的认知能力提高了才能使我们摆脱认识的局限性。我们应该打造学习型的新自己，把无知当个性者，只能故步自封，我们要的是进步，还有比原地踏步令我们更着急的事吗？

许多时候我们都在琢磨事，试图找到好的解决方案，我们却忘了琢磨人，因此事情迟迟得不到解决。那么该琢磨的人是谁呢？正是我们自己。我们忽略了对自我认知性的提高，挖空心思、绞尽脑汁也难想出好办法。与其这样苦思冥想，倒不如从加深自我修炼的角度来提高自己的认知能力。一时盲目地找方法，即使找到了也是一时幸运，治标不治本，要想根本上改变我们的现状，就得从提高自己的认识能力做起。

"打破认知局限，才能有效地解决难题。"

无论我们是否意识得到，其实我们每天都在进步，一些问题对我们来说，也许在昨天是我们的拦路虎，今天可能就变成小事一桩了，因为我们的能力提高了。工作以后我们的处境毕竟比不得校园生活了，也许工作上、生活上有些问题我们一时解决不了，害得自己绞尽脑汁地去想办法，效果还是不理想。其实这些问题还是一时的困难，并不复杂，只是我们当时的认识有限罢了。我们大可不必挖空心思地去想办法，或是抱怨自己没能耐，最好的办法就是先将事情放一放，过一段时间再说。

小牧很精干，虽然很年轻，但是工作上、生活上经常不服人。小牧的女友阿珍也是个很要强的女孩，两个人的工作都很不错，感情上也能合得来，不久就打算订婚了。阿珍虽然是个女孩子，但是事业心很强，小牧虽然很能干，但是工作后觉得干大事业风险很大，不如以后有条件了经营点生意过安适的生活。

工作后的阿珍见到许多经营有方、事业有成的人，她的事业心就更强烈了。为了学习成功人士的经验，她经常到一些公共场合去听讲座，查阅一些相关资料，致使小牧休息日一个人很无聊。小牧好几次打电话阿珍都说自己在外面听讲座，弄得小牧很生气，两个人交流得越来越少，小牧觉得阿珍另有想法，但是阿珍忙着学习，心里一直想着自己的创业计划，根本就没在意她与小牧的感情，她觉得小牧完全能理解她。

过了一段时间，小牧觉得很不对头，就找阿珍谈话，说两个人的感情没有以前好了，应该多交流一些，也该谈谈订婚的事了。但是阿珍不想很早就结婚，她滔滔不绝地说两个人应该如何先发展事业，然后再考虑婚姻问题。小牧觉得阿珍毕竟是个女性，事业心太强只会使今后的感情生活变得越来越淡，于是就狠狠地批评了阿珍。阿珍自尊心很强，觉得小牧不理解自己，心里又生气又委屈。小牧最后有些失控了，非要阿珍做出选择，要么与自己订婚，要么两个人彻底分手。阿珍本来就委屈，哪有心思再应对这些问题，就默默离去了。

小牧因此心神不宁，他还是很爱阿珍的，实际上他不愿与阿珍分手，只是不想让阿珍一心想着事业而疏远了自己。小牧虽然在工作上很能对付，但是在感情上他是脆弱的，自从与阿珍不欢而散后就闷闷不乐，天天想着感情问题，他想：如果自己与阿珍真的分手了，自己又到哪里去找合适的人选呢？如果自己与阿珍和好，阿珍的事业心是很强的，若婚后她真做起一份大事业，自己的处境又会怎么样呢？如果阿珍有了新的男友自己该如何面对呢？从学校恋爱到如今工作，自己与阿珍已经做过了三年的坎坷历程，如果自己真与阿珍分手了，自己的日子该怎么过？哎呀，简直愁死人了！小牧越想越复杂，简直无法待下去了，工作也没心思做了，他必须将感情问题处理掉，不然一刻也不能安心。

于是小牧就不停地给阿珍打电话，让阿珍一定要做最后的决定。阿珍也被小牧的行为害得很苦恼，自己也陷入了矛盾当中，但是她不想这样纠缠下去，想冷静一段时间再找小牧好好谈谈，但是小牧很不理智，非要让她做决定。阿珍苦恼不堪，索性换了手机号，也搬了新家，然后全身心都投入到工作与学习中，以此来消除心中的烦恼。小牧简直要疯掉了，他觉得自己的精神要崩溃了，没想到感情问题会这么复杂。他有些绝望了，一方面他放不下阿珍，但是又不知道该怎么办，状态越来越差。

最后小牧决定请假两周，调整一下自己。为了消愁解闷，小牧就到图书馆去读书，好久没有体会读书的感觉了，一本谈论感情的书吸引了小牧，小牧一连读了两天，将那本书读完了。书里的内容让小牧明白了许多道理，此时的他对自己、对感情都有了新的认识，他知道自己应该冷静一段时间再考虑与阿珍的感情问题。其实问题很简单，只要双方能彼此理解对方、支持对方，许多问题都会冰消瓦解的，只是以前自己太浅薄了，竟然将自己折腾得焦头烂额。一个多月后，小牧准备好了一桌盛餐，特意向阿珍的同事询问了阿珍的电话，然后请阿珍到自己的住处谈谈。阿珍没有拒绝，见面之后小牧对以前的事只字未提，只是温馨地说了句："阿珍，今天是你的生日，祝你生日快乐！"阿珍又惊又喜，两人再次热情地拥抱在一起。

　　当我们认识有限时，总觉得一些问题很复杂，而当我们领悟到时却觉得问题很简单。上面的感情实例很能说明问题，当双方矛盾难以解决时不如冷却一段时间，自己可以慢慢想通，也可以通过与朋友谈天、读读有关书籍等途径找到答案。当我们的认识提高到一定程度时，问题自然就迎刃而解了。

　　不光是感情问题，生活与工作中我们经常会遇到各种不同类型的问题，也许我们一时难以解决，如果情况允许的话，我们可以不必急着解决，可以先冷静地做一下准备工作，或者是通过其他途径提高自己的认知能力，然后再去处理。有时即使仅是时间的积累，也可能为我们打开一条思路。总之，学会提高自己的认识能力，才是解决问题的根本，我们何必再围着问题打转转呢？

唯有拓宽眼界，才会有无限可能

　　许多人在自己的理想职业领域没得到发展，但是他们通过对市场的了解以及对自我的分析，在其他方面发展得并不差。他们往往经历过一番工作历练之后才发现自己以前的想法是幼稚的、视野是狭隘的。

　　肖俊学的是电子专业，毕业后打算到一家大型的电子公司工作，理想是当一名电子工程师。但是肖俊家里不放心他一人在外面发展，已经在家乡县城给他安排好了工作，让他毕业后立即回去上班。肖俊很生气，觉得父母的见识太浅，自己还需要在外面闯一闯，不该立即就回家乡工作。但是父母执意让他回去，并且母亲体弱多病，只有肖俊一个儿子，她不想让儿子在外面孤身闯荡，在家乡工作她才放心。

　　肖俊拗不过父母，只好回去工作了，在县里一家机关单位工作。他的打算是回去工作一段时间，然后找理由说自己在家乡不适应，然后再出来发展。回到家乡后父母很高兴，肖俊也很快就上班了。但是肖俊没想到父母早已打算好了，等肖俊工作稳定后立即就给肖俊订亲，因为事先肖俊的父母与几个亲戚就说好了，肖俊回来工作后就订亲。

肖俊工作一段时间后就觉得不太适应，因为家乡的人思想比较狭隘，工作上许多问题很难沟通。肖俊向领导提出一些很好的建议，希望领导及时采纳，问题很明显，可领导就是无动于衷。肖俊很失望，正当肖俊失望的时候父母为肖俊安排了婚事，对象很不错，比较懂得体贴人，与肖俊也谈得来。肖俊正苦闷的时候，也没多考虑就定下了婚事。

订婚以后肖俊与女友不断来往，肖俊后来建议女友与自己一起出去发展，女友也答应得很好。但是女友建议他们结婚后再出去发展，她显然是怕出去后肖俊有所变化，肖俊想了想也觉得有道理。父母这边一再强调先成家后立业，于是不久肖俊就与女友结婚了。结婚后情况逐渐变化了，妻子变得越来越琐碎，不再想出去发展，而双方父母都催促要个孩子，妻子也建议他们要孩子，因为两个人的共同语言越来越少，妻子想要个孩子找点寄托。肖俊没办法，只有为家庭着想，一年后他们就有了一个可爱的小宝宝。有了孩子以后情况更不是肖俊想象得那么简单了，他除了上班以外回到家几乎时刻都围着孩子老婆转，整天有做不完的家务，孩子又哭又闹，妻子唠叨个没完，有时还与婆婆吵架。肖俊没想到生活会变成这个样子，他怎么受得了。家庭的琐碎使肖俊出去发展的愿望也越来越模糊了，可是又不甘心，不甘与无奈整天折磨着他，他弄不清自己的前途在哪里。

肖俊被家人一步步拖垮了，先是回家工作，后来就订婚、结婚、生孩子，自己就被困在家里再也出不去了。虽然自己有理想，但是现实已将他的意志消磨殆尽了，除了守着小家过日子还能做些什么呢？

　　像肖俊一样的青年不在少数，他们很有理想，但是最终在别人的牵制下走了下坡路。也许是老师误导，也许是家长的包办，也许朋友的建议，也许是恋人的要求，也许是亲戚的安排……面对众人的帮助，可能很多年轻人会考虑到亲友是在关心自己，自己还不够成熟，缺少经验，就听从了他们的安排。

"不扩大视野，便会在无形中被别人安排。"

　　像上面肖俊的做法并不完全对，我们首先要考虑一下自己的实际情况：即最想干什么？理想是什么？计划是什么？

　　自己的计划还没展开怎么能直接就听从了他人的安排呢？你一旦听从了别人的安排就失去了主动性，因为你接受的工作或建议并不一定是适合你做的。

　　在人生中，我们需要主动地为自己做好计划，然后尽力去执行自己的计划，这样才能施展你的能力，扩大你的视野。因为别人虽然能为你着想，但是别人并不了解你的真实情况，只有你自己最了解自己，也只有你自己才能发展自己、提高自己，你怎么能让别人牵制自己的发展呢？当然，别人的建议很多都是有用的，你可以参考，可以借鉴，但是不一定就要服从，你应该有主见。

　　我们顺从别人的安排，最大的缺陷就是丧失了自己的主见，最容易被别人的建议所牵制。就像上面的肖俊，本来打算自己闯荡一番的，可是父母要求他回家乡发展，于是他顺从了父母的安排，后来就一步步走下坡路了。一步被动造成后来的步步被动，我们要想发展得更好就要主动，我们要主动制定自己的计划，主动执行自己的计划，学会主动思考问题，学会主动接近人，学会主动工作，学会主动学习，一切主动起来就不至于在别人的牵制下犹豫不决、丧失主见，做一个主动的自己，你最终是个赢家！

记住，经验只能用来借鉴

有人说经验大于学问，有了经验就是制胜的法宝，然而我只能肯定一半，因为经验能增长我们的能力，也能增长我们的经验主义。社会飞速发展的今天，在专业领域内我们要想始终立于不败之地，单凭经验是不够的，我们还要与时俱进！

许多人工作一段时间后就很有成就感，原因是自己有了工作经验，即使工作出了问题也没关系，自己能应付过来，反正自己有的是能力。他们经常将自己的经验当成自己成功的保护神，经验能培养能力是没错的，但是老经验并不能顺应新情况，许多事情都是因为我们犯了经验主义才导致失败的。

小王在一家公司做促销工作，由于他精明能干，工作一年就在业务上取得了很不错的成绩，第二年小王就担任了几个城市的销售主管，各方面待遇也都提高了，小王真是如沐春风，觉得工作、挣钱也挺容易的，于是就在领导面前夸下海口，第二年一定能完成多少销售额，他手下的几个业务员都提醒小王要谨慎，工作的事情不能大意，还是再一次考察完市场再作打算为妥，但是小王胸有成竹，觉得自己对所代理的地区了如指掌，不会出问题的。

接着小王就重新制定了自己的销售计划，第一个月销售多少，第二个月销售多少，上半年的计划都制定得井井有条，然后就信心十足地投入到工作中。但是春节过后小王向几家老客户发货，他们有的反映自己的产品还没有卖完，不能再继续进货；有的说自己的经营方向改变了，不再经营小王公司的产品。小王忙活了一个月，才发了很少量的产品，与自己的销售计划相差很大。小王很纳闷，去年自己亲自考察过那几个城市的，很多门市部都没有经营自己公司的新产品，今年怎么搞得突然没销路了呢？小王立即来到几个城市做调查，结果发现那几个城市涌现了许多与自己同种类型的新产品，有的产品性能比自己的产品还要好，价格又实惠，所以自己的产品才断了销路。

小王考察完市场心里也没底了，面对这种情况他自己也不知如何是好。时间一天天地过去了，其他销售主管的产品都逐渐增加了，可是小王的不但没增加，反而越来越少，还有个别老客户要求退货。老板对小王的态度也逐渐冷淡了，没过多久经理就找小王谈话，让他继续做自己的业务，不能继续担任销售主管了。小王很爱面子，觉得自己在老板面前丢脸了，在公司待下去也没什么发展前途，就找个理由辞职了，接下来他不得不再次奔向人才市场。

"必须认识到一点，经验越丰富就越容易产生'顽固症'。"

小王明显被经验主义害苦了，头一年几个城市的销售情况很好，但是第二年市场竞争力增加了，小王却没有意识到这一点，依旧以老观念操作，难怪工作中出问题。他如果当初听几个业务员的劝告，重新考察市场后再做定夺，情况可能不会那么糟糕，起码还有个回旋的余地，但是他相信去年能成功今年就更能成功，今年应该有更大的销售额。面对自己成功的经验，年轻的朋友们十有八九会持这样的态度，上次成功了，这次应该能取得更大的成功。但是事情往往在你想不到时发生变化，让你失败得措手不及、无法挽回。此时我们才想起先前别人的建议，其实是我们的经验主义将别人有用的建议拒之门外了。

成功的经验对我们的发展可以说是有力的法宝，但是并不是我们制胜的保护神，因为许多情况在不断地变化，旧经验不能永远顺应新事情，你再抱着老经验不放，无异于顽固到底，而顽固只能将你引向失败。我们要想将事情做成功，我们就得在经验的基础上继续出新招，以我们新的策略赢得新的成功。

"有时候要打开脑洞，并要有敢于试错的心理。"

创新是提倡很久的口号了，但是许多人总是不肯创新，原因是害怕创新担风险，远不如抱着老经验收成来得稳当，年轻人本来经验就不足，他们更容易遵循老经验。我们为什么不想新招呢？打破旧经验，从现实着手，重新制定新方案，也许能获得新的突破。

"刷新观念，就能刷出新的人生。"

我们在某方面有了新的认识，这只说明我们在某方面取得了进步，但并不代表我们在整体认识上就更新了，只有我们观念上得到更新，才是大的更新。虽然个人发展的快慢与他自己的做事方法有很大关系，但是最重要的还是一个人的思想观念，如果观念很落后，势必对我们的发展造成很大阻碍。

你需要的是不遗余力的努力

我们无法获得想要的结果，难以改变自我的人生。有时候缺的不是能力，而是缺乏行动与坚持的勇气。而这恰恰也正是我们对自我认识不清，缺少信心的一种表现。

正如前面所说，我们征求别人的意见，希望听别人的评价，有时候，并不是真的希望能从别人那儿得到什么好的方法和启示，而是因为信心不足，希望能从别人那儿得到一些肯定，从而强化自我的自信心。现实中，这样的例子举不胜举。如，你准备做一件事，却又担心自己可能做不好，就会跟身边的人商讨。如果人们都说你要做，并说你做好没有问题，你就会信心十足地采取行动。事实上，我们在征询别人的建议时，想要的就是这种肯定和鼓励，一旦有几种其他的声音出来，我们或许便感到迷惑了。

你是不是也是这样呢?

诚然，做人不能太过于固执，自以为是，应该懂得听从他人的建议和吸取他人的经验教训。但是，在这之前，我们要对自己有一个清晰的认知，并给予自己一个较为客观的判断，否则，就很容易被他人的言语所"绑架"。

事实上，无论他人的建议听起来多么的有道理，也只能仅供参考，你要想真正地成就自我，做出一番事业，更重要的是做，相信自己并脚踏实地去做。这才是最为有意义、最真实的活法。

"在没有结果之前所有的定论，都是一种假设。"

当我们正在着手做一件事的时候，你能预知结果会怎么样。但你所预知的结果，在大多数情况下，只不过是你所期望的或者说是你担心出现的。

或许有人觉得，可以从原来类似的事情，或者是从进行过程中所出现的现象判知。但，你要知道未来是未知的，充满了各种可能性。即有可能会因为一点点小小的"意外"，就令结果与你所预知的结果失之千里，朝一个相反的方向发展。

枫曾跟我说了一件事，就充分地说明了这个世界是多么的不可预测，充满了各种各样的意外，会给我们带来惊喜或者是惊诧。发生在枫身上的事，属于前者。

枫，某公司的业务员，花了很多的时间和精力跟进一名客户。他使尽了浑身解数，拿他自己的话来说，就是用尽了各种销售武器和招数，而对方仿佛是练了"金钟罩""铁布衫"，刀枪不入。在继续跟进了一段时间后，他觉得无望了，想放弃。

于是，他带着再努力最后一把的心理来到了客户所在的公司。跟以往一样，他还没有说完来意，对方就拒绝了。带着失望的心情，他朝外走去，就当他走到门口时，遇到了一位多年没见的发小。恰巧，他的那位发小跟客户是亲属关系。让他没想到的是，就是因为这一次，通过发小跟客户的那层关系，拿下了那位很多人觉得不可能拿下的"客户"。

"人生有无数种可能，只是在很多的时候，我们对自己产生了怀疑，放弃了而已！"

他对自己所经历的这件事发出了这样的感慨，也正是因为这件事，让他在工作、人生中变得更为努力。而他也因此得到了上司的重视，在职场中走得更稳更好。

看看枫的经历，再看看我们自己。当我们在抱怨人生、抱怨这个社会的时候，我们是否真的做好了自己，真的不遗余力地努力了吗？

其实，我们在很多时候只是看起来很努力而已。我们的这种努力，又常常因为担心失败，或是被他人的言语左右而"缩减"。

水只有到 100℃才是开水，99.9℃都不行。而你所欠缺的那一点点的努力，能让你的人生沸腾吗？

相信自己，按着内心深处的自我意志去生活，不要想太多，也不要轻易被别人的言语左右，当我们脚踏实地地去做，用心去面对生命中的每一分钟、每一个人、每一件事，你的生命中就会有无数种可能。

其实，我们一直在路上，那些在我们看来已经功成名就的人也罢，还是正走在成功路上的也好，我们都在路上，我们都应该继续努力前行。或许，哪一天，就能采撷到人生最美丽的花朵。

你不觉得是如此吗？

因为我们都在路上，所以都有无限的可能。那么，我们又有什么理由，放弃或者犹豫呢？

不是你不够努力，而是少了思考的指引

　　我们缺的不是吃苦耐劳的精神，更非不愿意或者不肯勤奋、努力，只是在很多的时候，我们没有让脑子急速转动，所做的只是机械的努力。

　　在一个周末的午后，我坐在紧靠窗口的书桌前，边喝着茶边望着窗外远处高速公路上飞速行驶的车辆。年仅 4 岁的儿子，在客厅摆弄着他妈妈新给他买的乐高积木。他坐在地毯上，全神贯注地拼搭着。突然，他大叫大嚷起来，情绪十分激动。原来，他拼了好久，都难以拼出自己所想要的直升飞机模型。

　　于是，我便安慰他，让他好好想想怎样才能拼好。

　　他歪着脑袋看着我，嘟着小嘴问我怎么想啊。

　　我知道，他这是想办法让我帮忙。我装作不明白，指着他的小脑袋说，用脑袋想啊！

　　"脑袋，脑袋不是用来带帽子的吗？"他用一种极其天真并认真的语气说出了这样一句话。

　　你是不是觉得这句话很好笑，并认为小孩子就是小孩子，说的也是一些小孩子才能说出的话。可是仔细想想，我们很多大人虽然没有将这句话说出来，并认为是那样的幼稚、可笑，但，在很多时候，不是给人一种感觉脑袋就是用来戴帽子的吗？

"不是你不够努力，而是少了思考的指引。"

如果一个人，他发展得不够好。虽说导致他处于目前处境的原因有很多，但，对大多数人来说，我们首先想到的是他可能懒惰，换句话来说，就是他不够努力、勤奋。如此的说法，未免太过于武断，有时候可能真的冤枉了他。他可能甚至比一般人更为勤奋、努力。

那么，为什么他的勤奋、努力，没有得到应有的回报，还是处在不如意的困境中呢？

是啊！为什么会出现这种情况呢？这似乎跟我们平常所说的"成功始于勤奋"相左。难道说，一直以来我们所奉为人生至理的那些关于要成功就必须勤奋、努力的名言，都是骗人的吗？

要想获得成功，我们就必须付出相应的勤奋和努力。关于这一点，我们毋庸置疑。那些勤奋而努力的人，他们之所以未能因此而改变自己的人生，一个较为主要的原因，就是没有把脑袋的真正作用发挥出来。或许，他们正跟我儿子所说的一样，认为脑袋就是用来戴帽子的。

你不要觉得我的这种说法可笑，更不要认为我所说的有些危言耸听。事实上，我们很多人虽然在勤奋、努力地做事，但很少真正地去思考。他们玩的都是一些套路，做的都是一些套活儿。

接下来，我就说说，生和雨的事。

生，一位自由撰稿人，以编撰书稿为职业。他很是努力，经常为了编撰一本书而挑灯鏖战。一些朋友让他出来聚聚，他也要以赶稿子为由予以拒绝。倘若，要在图书撰稿界评选劳模，他绝对是当之无愧的人选。像他如此的勤奋和努力，应该发展得很好，但现实却恰恰相反。虽然，他没日没夜地编撰稿子，但卖出去的书稿少之又少，而且所获得的稿酬极其微薄。

雨，跟生一样也是自由撰稿人。他与生相比，也勤奋。但两者之间的勤奋是完全不一样的。生的勤奋、努力，似乎并没有怎么过脑子，在编撰书稿的时候，只是看市场上哪些书好卖，便以其为模版，进行复制。而雨则会认真地研读那些在市场上卖得好的书，去琢磨它们卖得好的原因，然后再进行策划、编写。虽说他书稿的产量不多，但每编撰好一本，就会有书商收购，而所获得的稿酬都不低。

在看完生与雨的事，相信你已经知道了思考的作用了吧。

没错，我们要获得成功就必须勤奋、努力，但需要思考作为指引。否则的话，你的勤奋、努力，得到的往往是苦劳而非功劳。在这个现实的世界，很少有人会为"苦劳"埋单。

"我为什么要花高价买他的稿子，说句实在话，他的这种稿子很多人都能做出来，我手下的编辑可能都做得比他好。"这是我认识的一位图书出版人在说起生书稿的原话。而这，或许会让我们知道了做事思考的作用性了。

永远不要以为只需要勤奋、努力，就能够获得成功，更不要抱怨，自己是那样的勤奋、努力，为什么还是处在不如意的困境里。如此勤奋、努力的你，为什么不问问自己，我们在做事的时候，是不是真正地开动脑筋，去思考过呢？

"你最大的优势和资本，并非是勤奋、努力，而是你的思维，你的思考能力。"

在一个大型菜市场，里面有十几家卖牛羊肉的。在这些牛羊肉的摊位中，其他人生意较为冷清，唯有一家生意十分火爆。是这家摊位的牛羊肉比别家要新鲜，还是要比别家要卖得便宜呢？其实，这家摊位的生意之所以好，只不过是因为摊主在顾客买牛羊肉的时候，会给予对方一张相应的菜谱，并详细地写明了烹饪的步骤和注意事项。

这就是这家摊位的竞争力，也是生意好的主要秘密，就是因为开动了脑筋，想到了一个能吸引并满足顾客的好点子。

在这个竞争激烈并且现实的时代，我们要从众多的对手中脱颖而出，比拼的不仅仅是勤奋和努力，还有创意——是不是能做得比别人更快更好而且有所区别。这才是我们在这个时代最大的优势和资本。因为，在这个世界上，我们不管是被动的，还是主动的，都在勤奋努力，而我们的勤奋和努力，只有跟他们区别开，与众不同，才能更为有效地达到目的。而这一切，就需要我们开动脑筋，学会思考。

别再把脑袋看成是用来戴帽子的，当我们激活了脑细胞，去积极思考时，我们的人生就会充满精彩和炫丽。

第六辑

愿你活成自己最喜欢的模样

///////////////////////////////////////

尊重自己的选择

在竞争激烈的职场中，要找一份心仪的工作并不容易，但现实却不会给我太多的时间去选择。于是，不少人便不得已采取先找一份工作做做，然后再寻找更为合适的。如此，看起来不错，但结果，往往到后来就会感到有点骑虎难下。

小吴的人生理想和目标便是成为一名平面设计师，很幸运的是，他在考大学的时候，如愿以偿地考上了自己想要上的大学，并且所学的专业也是自己所感兴趣的美术设计专业。转眼之间，小吴就要毕业了，摆在他面前的问题就是需要找一份工作。当然，小吴想找的工作是广告公司的平面设计。可是，现实的情形并不像小吴所想的那样好。他带着梦想向一些公司和企业投递了简历和前去面试，但是却没有被顺利地录用，原因便是小吴在某些方面并不符合对方的要求，其中最突出的一点便是对工作经验的要求。

小吴是一个喜欢思考的年轻人，在经过一段时间没有任何结果的寻找工作之后，他静下心来想了想，改变了原来的方法和策略，决定先找到一份工作干着再说，到时候寻找到合适的机会再跳槽。

小吴是这么想的，也是这么做的。他很快就找到了一份工作，并上了班。时间在一天天流逝，转瞬之间小吴就在那家公司干了快三个月。这三个月来，虽然工作并不怎么劳累，但是小吴却觉得疲惫不堪。他很想再去寻找一份工作，可是他却又不得不考虑一些现实的问题，那就是如果他贸然辞去现在的这份工作，却又难以保障自己能够在最短的时间内找到工作。说白了，困扰小吴的便是维持他基本生活开支的经济来源。

　　就这样，小吴感到左右为难，一直难以做出一个最后的决定，以至他越发感到烦闷。这样一来小吴又怎么能够开展工作，将工作做好，取得更好的职场发展前景呢？

　　只有当我们站在一个高处的时候，才能轻松而顺利地攀登上更高的地方。在现实生活中，特别是当我们在向既有的目标前进，或者按着原有的标准行事，而遇到一时之间无法解决的困难时，我们便会采取另外一种措施，那就是降低标准，而后逐步地实现既定目标，按着原有的标准行事。

　　没错，当我们在向目标前进，遇到一时难以解决的难题时，采取这种迂回的战术确实能够使得我们的目标得以实现。但是，这种方式是不是百分之百的能取得我们所想要的结果呢？

　　这一点是很难把握的，因为许多时候，事情是我们无法预测的，它受到若干因素的影响：有的是来自自身，有的是来自于外界。这些因素直接影响到我们是否能真正地使得目标得以实现。例如上述案例中的小吴，他虽然设想得很好，看起来也切实可行，但是事实上呢？因为一系列事先可能没有考虑到的问题出现，不仅仅使得他的计划难以实行，还会让自身陷入困境：去解决那些层出不穷的问题。

　　如果不将这些问题解决，我们是不能真正实现原有的目标的。正如在前面几章所说的一样：问题的存在是必然的。不管我们是按着既有标准行事，向事先设定的目标前行；还是我们将标准降低，抱着骑驴子找马的心态去寻找工作，都同样有许多我们要解决的问题。在这儿，我们暂且不去讨论究竟会出现什么样的问题，以及要解决这些问题所需花费的时间和精力。值得提醒年轻朋友们注意的，那就是当我们抱着骑驴子找马的心态找工作，即使找到一份工作时，那份工作肯定跟我们既定的人生目标相去甚远。这也就决定了我们很难以一种正确的心态面对工作，更不要说将工作做好。这样一来，不仅仅难以寻找到自己所希望的"马"，还很有可能从正坐着的"驴子"上下来。因此，年轻人在初涉职场、面对激烈的竞争时，应当尽快地抛弃这种"骑着驴子找马"的心态，并在对自己的优缺点有所了解的基础上设定职业理想和目标后，坚持自己的标准，即使真的遇到困难也应当有一个长期的规划，否则的话便很容易像小吴那样陷入左右为难的困境。

　　在竞争激烈的职场环境中，要找到一份很好的工作，对一些刚踏入社会的年轻人来说有些困难。可是有困难并不等于一定不能找到。可惜的是，很多年轻人就像上述事例中的小吴那样，在现实的逼迫之下，采取了"骑驴子找马"的方法，幻想着能够实现自己的目标，但是事实却在很多时候令人感到失望，让我们陷入小吴那样左右为难的困境。那么我们将怎样去解决这一问题呢？

"从自身出发，在认识自我的基础上，将最终目标同短期目标结合起来。"

这一点对我们是非常重要的，如果我们不能明白并且做到这一点，而是采取先找一份工作干着，等待有利的时机再去寻找一份好的工作，就只能说是一个美好的想法而已。为什么这么说呢？因为目标决定我们未来的方向，没有清晰的目标，则会让我们陷入一种迷茫、被动的状态中。可以这么说：如果我们在寻找工作的时候，因为暂时不能找到理想的工作，而采取小吴那样的办法，只为了解决眼前所面临的问题，而忽略了将来，那么在我们的面前，就有着一系列急需要解决的问题，从而将我们的最终目标埋葬。

也就是说，不管我们现在所做的是怎样的工作，我们都要知道我们在做这些工作的时候，所想得到的是什么，而我们最终所想要得到的是什么。

"调整心态，即使现在所做的工作并非是你所期望的工作，也要将它做好。"

无论我们现在所做的工作与我们所希望做的工作之间的差距有多大，我们都要将它做好。因为我们之所以要做这份工作是我们自己的选择，而我们之所以选择它，便是因为它能够帮助我们解决一定的实际问题，在做的这份工作能够带给我们所需要的。既然如此，我们为什么老是对自己现在这份工作心存抱怨，而不换一种心情，用一种正常的心态去面对它，将它做好呢？这样一来，不是能更加有效地解决目前所面临的难题，让我们更加快速地朝自己的终极目标前行吗？

例如，我们是因为解决生存引发的金钱问题，而选择现在的职业；或者是为了练手，积蓄自己理想工作的工作经验。我们只有努力地将现在的工作做好，才能真正得到我们想要的。因为，在这个世界上有这样一个真理：没有付出就没有回报。

"拓展自己的人际关系网，寻找自己所想做的工作的就业时机。"

抱着"骑驴子找马"这种心理的年轻人，他们都不满意于现在的工作，都将自己的工作看成是一种不得已的权宜之策。那么怎样突破这一困境，迅速找到理想的工作呢？除了上述的两点之外，现在所说的一点也是极其重要的。

因为，我们现在所生活的社会是一个信息社会。而我们要实现寻找到理想工作这一目的，就必须获得相关的信息。这些信息从何而来呢？你或许说可以通过报纸、网络等媒体，这些确确实实是获得这些信息的好的来源，但是一些更加有效、可靠的信息，则是从我们所熟悉的一些人的身上获得的。在现实中，有许多人正是通过这种途径顺利地获得了理想职业的信息，并且找到合适的工作。

改变自己才能改变世界

有一句话叫做"把你挂在墙上，你就是画。取下来什么都不是。"积极主动调整自我去适应职场环境，并不是向现实妥协，而是让自己变得更为主动的最佳途径。

周军是某艺术学院装潢设计系毕业的高材生。在校期间，他所设计的一些作品便获得了学校和其他一些协会的奖项，充分显示出了他在艺术设计上的才能。毕业后，正当同学们在为寻找工作犯愁时，早就有一家较为不错的广告公司向他发出了加盟要求。

就这样，周军一毕业，几乎没有任何休息与调整，便走上了工作岗位，开始了自己的职场生涯。照理来说，像周军这么优秀、有才能的年轻人用不了多长时间就会做出一番成绩的。可是，事实却出人意料，就在周军的试用期快要结束时，该公司的人力资源部经理将周军叫到办公室，并且委婉地告知周军没有通过试用期。

周军被解雇了。他难以想清楚其中的原因，因为他所设计的一些作品并没有出现任何的差错啊！

这到底是怎么回事呢？周军百思不得其解，直到经过将近一年的职场磨砺之后，他才渐渐地知道了。

原来，周军就像是许多学习艺术的年轻人一样，个性非常强烈，老是按照自己原有的行为习惯去应对、处理所遇到的事情，以至无法跟同事处理好关系，难以融入团队集体之中。

"学会转变，融入环境我们才能真正地把握主动。"

在正式走上工作岗位之后，那些原本专业能力突出的年轻人之所以没有能够将自己的能力发挥出来，甚至被公司解雇，最主要的原因是他们没有意识到自己所处的环境已经发生了转变，依然沿用原来在学校的习惯去面对身边所发生的一些事。

首先，我们要认识到在学校和在公司的目的不同。在学校，年轻人的身份是学生，主要的目的是学习知识；当年轻人走上工作岗位之后，其主要目的便不再是学习了，而是在创造和实现自我的价值。

其次，我们还要意识到学校与公司之间的竞争形式和目的同样是不同的。在学校期间，年轻人之间所竞争的是学习成绩的优劣，而在企业内，所要竞争的却是是否能够将工作做好，能够给企业创造多少的经济效益。对于前者，年轻人取得怎样的成绩，完完全全可以凭借个人的努力而实现；后者，并非只是需要自身的努力就能得到，而是需要许多人或其他部门的配合。也就是说，年轻人在学校时，充当的是学生角色，他们可以完全忽略环境因素而依靠自身的能力获得成功；但是当他们步入职场开始工作的时候，就必须依靠合作。

现在，我们不是经常说：现今的社会是依靠团队获胜的时代吗？试想一下，年轻人在进入职场之后，依然保持在校时的行为和习惯，不能适应职场的环境，不想调整自我让自我融入到新的环境之中，又怎能与同事融洽相处，这就像逆水行舟，不仅在开展工作的时候觉得吃力，同样也很难将工作做得更好。可惜的是，现实生活中，许多年轻人就像上面的周军一样，似乎并没有认识到这一点。

由此可见，习惯的改变必须从意识观念开始，刚刚走上工作岗位的年轻人要想改变原来的待人处世习惯，就必须认识到自己所处的环境、所接触的人已经发生改变，从而调整自己，让自己去适应环境。

来到一个新的单位，最重要的是心态要好，角色认知清晰，迅速适应企业、融入企业。很多新人在进入公司后，会被分配到一些不是很适合自己，自己不擅长的位置，他们或者用学生的眼光看待企业，接受不了企业的规章制度，或者用书本上学到的管理知识来套企业现状，这样都使自己心态变坏，没有耐心去了解企业和被企业了解。如果一上班就看到企业这里不好、那里不足，就看到上司太严厉、同事不热情，还忍耐不住说出来，那就惨了，那就会与企业和同事们格格不入，被上司纳入试用期不合格而把你剥离出局。

每个企业都有自己的优势和劣势，每个同事都有独特的优点和缺点，要多看到企业能够给你的一面，看到企业和周围同事能让你学到的东西，这样就会干劲十足。最重要的是学会忍耐，千万不要用你的习惯去改变环境，而是要学会入乡随俗，适应新的环境。不管进入的公司如何，只有两个选择：要么在忍耐中逐步快速融入，快速了解公司环境、上级、同事，找到你适合的位置，要么就是走人。

在竞争如此激烈的今天，在自己还没有任何工作经验的时候，显然，前者更加可行。所以，要学会磨砺自己的心理素质，包括认知素质、情感素质、意志素质与个性素质。在这些素质中，认知素质影响人的智力发展水平、思维水平，情感素质、意志素质影响个人的成就动机、情绪的管理水平，个性素质影响人的气质和人格特征。

近年来，随着企业经营环境的发展和人才市场供求结构的变化，越来越多的职场人感到了更大的竞争压力。在这种情况下，工作压力必然加大，在职场上打拼多年的白领都越来越难以应付。一个初入职场的新人，面对工作压力，只能咬牙挺住，而不能退缩，不能逃避，大学生在过渡过程中要靠自己的努力，别人只能帮你，而不能替代你，因此具有更强的承受压力的能力，以及根据现实环境调整自己期望和心态的能力，就显得尤为重要。

最好的办法就是以最快的速度熟悉业务，并在工作中摸索窍门，掌握经验，熟能生巧。在做好本职工作、积累职场经验的同时，要积极为职位提升和下一份工作做准备。储备应该具备的职业技能、核心竞争力，利用空余时间提升自我。要学会珍惜时间。与企业的磨合需要时间，积累经验也需要时间，具备竞争力同样需要时间。谁珍惜时间、抓得住时间，谁就能跑在前面。当你"硬着头皮、咬着牙"挺下来，有了工作业绩，你的激情自然回到你的身边。

　　在职场，我们不要表现得过于封闭，需要尽快学会与人合作与沟通，有效地进行沟通是职场的重中之重。也不要表现得过于张扬，引起大家反感。初涉职场的年轻人应该清楚，公司是要你工作的地方，不是学校，一切要服从上司的安排。"人无完人，金无足赤"，再好的上司也不可能有你想象的那么完美。对上司先尊重后磨合、对同事多理解慎支持，与上司和同事多沟通、相互多了解，这样就能配合默契，不容易产生误会。少看领导的缺点，不管他的缺点多少，他现在就在决定你的命运。学会忍耐是上策，学会妥协，向职场妥协、向现实妥协，将会柳暗花明、峰回路转。委屈的泪水，难解的困惑，会凝结出辛酸的经验，使你成熟、理智，获得的积累将是你职业生涯中一笔宝贵的财富，使你求得机遇，求得发展。

公平源自于实力

别以为这个世界有多公平，更别祈求在职场中有绝对的公平。看看那些比我们发展得好的同事吧！其实，我们所认为的不公平恰恰是最大的公平。你要想得到公平，你就拿出你的实力来吧！只要你真的做好了，又怎么会不受到公平的对待呢？

小谭在大学毕业后，费了九牛二虎之力才进了这家带"中国"字头的大公司。这公司虽说也是上市公司，但国有企业长期积累的一些习气仍在发生作用。小谭他们 11 楼的锅炉热水器坏了，喝开水要到 15 楼去打。这样，每天提热水壶上 15 楼打开水自然成了小谭分内事，谁让他在办公室资历最浅。这天上午，小谭因有事要出去处理。直到 11 点多才回到办公室，回来时大汗淋漓，他揭开热水壶盖一看，里面空空如也。小谭很生气，大声说从明天起轮流打开水，他不能一个人承包。没人响应。于是，第二天早晨上班后他也不打开水了……结果可想而知，当天中午他就被领导叫去训了一通，让他勤快一点……

这太不公平了！小谭心里想，觉得自己再也不能这么夹着尾巴做人了，于是，他开始琢磨跳槽的事了。

"不公平，才是职场最大的公平。"

一点不错，像小谭所遇到的事情的确不公平，但在现代职场上，永远也不会有绝对"公平"出现！道理很简单，无论社会进步到什么程度，企业管理如何扁平化，企业内部永远是个金字塔结构。

既然是个金字塔，就必然会有上下之分，既然有上下之分，就必然会有不平等的现象存在。

企业作为一台利润压榨机，与追求"公平"相比，它更喜欢"效率"。

一个公司内部，如果没有适当的等级制度和淘汰制度，它就会因为自己的"仁义"而失去竞争力，就会在残酷的市场竞争中遭到淘汰。

因此，在现实生活之中，永远不会出现你想象中的那种"公平"。而你所认为的公平，恰恰就是最大的不公平。

在大学里，似乎一切都是"绝对公平"，如果你觉得什么制度不合理，你觉得哪个老师上课有什么问题，你随时可以"公车上书"，你随时可以"上殿谏言"，根本不用害怕什么。相反，在别人眼里，你"有个性"和"有气魄"。而你的行为还有可能让你的老师对你另眼相看，把你当成个人才。但是，进入职场之后，"人人平等"变成了下级和上级不可逾越的界限，"言论自由"变成了尽可能地服从。在这里，你先不要想施展自己的个性和魅力，而是要先学会适应。如果你动不动就对公司的制度提出质疑，或者动不动就"上书"一回，到头来往往是搬起石头砸自己脚，最终能不能保住自己的饭碗都是个问题。可以说，作为职场新人，你要学会的第一件事就是夹着尾巴做人，只有经历这样一次精神上的蜕变，才能成为真正的职场中人。

对于职场上种种不公平现象，不管你喜不喜欢，都是必须接受的现实，而且最好是主动地去适应这种现实。

追求公平是人类的一种理想，但正因为它是一种理想而不是现实，所以作为职场新人，你除了适应外别无选择。

不管你在学校成绩多么优秀，才华多么横溢，当你离开学校进入了职场之后，你就与其他的人并没有什么两样，只是一个普通的新人而已。

职场上虽然不可能有真正的公平，但是，这种职场的不公平，它也仅仅局限在办公室里。你职务的高低与你个人价值的高低并没有什么直接的关系，它仅仅是企业管理的需要，所以，你不必把这种不公平的现象看得太重。

虽然我们在内心深处渴望在职场中获得公平的对待，但是在这个世界上是没有绝对的公平的，就如同我们渴望自由而没有绝对的自由一样。当我们投身职场之后，千万不要像上文中的小谭那样希望自己能够得到绝对的公平，而是要调整自己的心态，去看待职场中的不公平现象。

"识时务者为俊杰，不要认为自己能够改变一切。"

在这个世界上没有绝对的公平，小谭所遇到的事情在现实中是常见的。如果，我们在深入职场后，老是想着自己所付出的一切能够得到老板和上司的赞同、能够得到应有的回报，虽说这并没什么错，但是却会将我们的工作态度显现出来。

那么，我们所表现的是什么样的工作态度呢？

这种工作态度便是认为自己是在为老板、为上司工作，且我们的这种工作态度让我们把薪水的回报视作工作的唯一目的。

如果我们抱着这种目的去面对工作，在尽心尽力地表现了一段时间之后，见到并没有能够得到老板和上司的认可，工作激情便会慢慢减退，并且还会因此而产生抱怨。

如此一来，我们希望得到公平的待遇，而最终并未得到，也会因为不能为公司创造出应有的利润而在职场中举步维艰。

"调整心态，将所有的不公平当作是种考验。"

处在这种不公平的职场环境中，年轻人的情绪是很难不受到影响的，而在这种情绪的影响下，我们会因此将自己的能力封印起来，让自己慢慢地沦为职场中的平庸者。其实，当我们进入职场，面对小谭一样的不公平待遇时，如我们改变一下看待事情的角度或者观点，我们即有可能走出这种不良情绪。

那么，我们应该用什么样的角度和观点去看待那些不公平的待遇呢？我们可以想开一点，把这些不公平的待遇当作是对自己的一种磨砺，当作是通往自己职场成功之路的一条通道。

我们一定要有这样的精神，因为我们在职场中并不是一时半会就能让老板和上司发现到自己，它需要一定的时间，只要我们在工作中尽心尽力，做出优秀的成绩之后，迟早有一天会让他们看到，当那一天到来之后，我们最终会得到"公平"的对待。

"不仅仅只求埋头苦干将工作做好，还要寻找适当的时机秀出自我。"

我们不仅仅要将工作做好，还需要在适当的时候让老板和上司看到自己的工作成果。许多进入职场后工作表现不错的年轻人之所以没有得到他们所想要的公平待遇，在很多时候，都是虽然能够尽心尽力地将工作做好，但是却羞于将自己的工作成果表现出来。

试想一下，老板和上司所要领导和管理的并非只是我们一人，他们所要处理的事情还有很多，如果我们等待他们来发现我们，将真的不知道要等到什么时候。

因此，我们进入职场之后，不仅仅要将自己的工作做好，还要在适当的时候，采取适当的方式，让老板和上司看到我们的表现。只有这样我们才能真正在职场中得到公平的待遇。

职场中没有绝对的公平，我们在面对这种不公平的现象时，抱怨以及其他的消极抵抗是起不到任何作用的，聪明的人却知道如何开动脑筋，迅速扭转这种不公平的现状，并使其有利于自己，以自己的实力"挣"来公平。

耐心了解一下自己所从事的行业

要想在职场中获得良好的发展，除了要做好自己的工作，还应对所做的工作以及服务领域的信息有一定的了解。这是我们从普通走向卓越的必经之路，也是我们在众多的竞争对手中脱颖而出的竞争利器。

小孟到现在的这家公司都快三个月了。她的工作表现相当不错，得到了公司上下一致的好评。然而让她感到疑惑的是，在这三个月的时间内，跟她一同进这家公司的同事，有好几个都转正了，并且还有人的职位得到了晋升，而这些人在平时的表现却没有她那样出色。

某天下班后，小孟将这件事情告诉了跟自己合住的室友。她有所抱怨。她的那位室友，听后笑笑，只是安慰了小孟几句，便没有再说什么。

日子一天天过去，转眼之间又过去了一个月的时间，或许是因为心情受到了影响，小孟表现得没有前段时间那样好了。就在发放薪水的那天，上司找她谈过一次话，并且问她是不是遇到了什么事。她犹豫了片刻后，将自己所不理解的说了出来。没想到上司在听完后笑了。

他说他肯定小孟的工作表现，但是希望小孟能够多注意一下公司所在领域的信息，并对小孟说，如果她能够做到这一点，不仅仅工作会做得更好，并且还会……

"对行业的深刻了解，是我们身在职场无可比拟的资本。"

经营之神松下幸之助缔造的松下电器王国，得益于其对于电器行业的深刻了解；比尔·盖茨之所以缔造了微软帝国，也得益于其所拥有的其他对手无法超越的行业技术。对行业的深刻了解是从事某一行业的基础。不管是谁，要想在某一行业创造出卓越的业绩，必须对这个行业有深刻的了解。试想如果让松下幸之助去从事保险行业，或者让比尔·盖茨去从事服装行业，其结果会怎样呢？显而易见，即使有成果也不可能像他们现在所取得的成绩那样辉煌。

对行业的深刻了解是一个人无可比拟的资本。良好的从业经验可以帮助一个人在该行业中获得更长远的发展。因此，要想成为一名好员工，就必须加深自己对行业的认识深度，提高自己对行业发展趋势的认识。

"单纯地将目光聚焦在自己所做的工作上，不可能真正地将工作做得更好。当我们要成为职场中不可取代的人物，就必须在做好自己工作的同时，积极主动地去了解本领域以及相关行业的信息。"

以下，就是我们该了解的一些内容。

第一，本行业的基本情况，包括本行业的行业规范和主要特点。

不管你要进入的是怎样一个企业，深入了解其所在的行业都是必不可少的。一位世界级企业的招聘官说："我们之所以决定录用一名员工，正是因为他对行业有着深刻的了解，这一点使我觉得，他就是我们需要的人才。"如果一个人连最基本的行业规范和运作方式都不知道，那么他是很难在这个行业做出好的成绩来的。正如另一位招聘官所说："事实上，有许多应聘者的素质都非常好，但遗憾的是，他们对我们的行业缺乏了解，甚至连最基本的了解都没有，这让我无法相信他能够在这个行业中获得长足的发展。"

第二，本行业的主要企业及其产品。

本行业有哪些知名的企业，它们的情况怎样？它们生产的产品在市场上的反映如何，消费者如何评价这些公司及其产品？这些情况也是需要掌握的。对企业的主要竞争对手进行必要的分析和客观的评价，无疑有利于你日后的工作，而且还可以在面试官提出相关问题时给出更好的回答，提升你的形象。

第三，本行业最新动态。

你能描述一下本行业的最新动态吗？这是主考官在考察应聘者对本行业的了解程度时经常提及的问题。一位真正深刻了解本行业的人，会对本行业动态和走向保持高度的敏感，只要有一点最新的消息，他都能本能地知晓。如果你在这方面比较欠缺，那么就很难在未来为公司创造客观的效益。

第四，本行业的发展趋势和前景。

基于内外部的原因，本行业的发展趋势怎样？其前景对你所在的企业来说有怎样的优势？很多被辞退的员工之所以被辞退，80％不是因为他们现在或者过去的工作没有达到企业所要求的标准，而是因为他们不能对本行业未来的发展趋势进行科学合理地预测。很多员工很少花时间预测行业的发展趋势，他们认为那是主管们的事，但事实上，这关系到每一个人。

因为只有对行业未来的发展趋势做出科学合理的预测，才能预测出企业未来的战略变化，才能及早转变自己的工作思路和工作重点，才能更快更好地推动企业的发展。

讨好，不是职场人际交往的准则

真正赢得职场友谊，获得同事支持的，不是讨好他们，而是以一颗真诚的心去对待他们。

郑龙很幸运，在毕业的时候，没费多大的劲就找到了一份工作。他是一个聪明的年轻人，不仅知道要全心全力地将自己的本职工作做好，同样知道要跟同事们处理好关系。这一点是他从一些学哥学姐的身上学会的。他的那些在职场中摸爬滚打了一段时间，有了一些职场经验的学哥学姐们，在跟他聊天的时候都说到了，要想在职场中得到更好的生存与发展，不仅仅要有一定的业务能力，还需要妥善地处理好与同事之间关系。

郑龙将学哥学姐们的忠告牢记心中。在他走上工作岗位时，也确确实实是这么做的。他不仅在接到上面所布置的工作任务后，没有任何借口地执行，并且在同同事相处的时候，还懂得怎样去与对方交流，去获得他们的好感。例如，在看到有些同事在工作中遇到困难的时候，他都会主动帮忙；在有些同事心绪不佳向他抱怨、发牢骚时，他会顺着对方的话说下去，别人爱听什么就说什么。

就这样，时间在慢慢地流逝，表面上郑龙好像跟同事们的关系不错，很受同事们的欢迎；再加上郑龙的工作能力也不错，照理来说，郑龙在这家公司的前途肯定一帆风顺，但是事实呢？却出乎郑龙的意外。郑龙在这家公司待了半年左右时，一天中午，他被辞退了，理由是他传播公司的负面信息，给整个公司的正常运作带来了严重的影响。

郑龙对公司的这一决定感到不解，因为他实在想不起来自己究竟是在什么时候说过关于公司的坏话。他跟老板说自己没有。老板嘿嘿一笑，将事情的原委说了出来。原来就在几天前的一个中午，郑龙看到有一位同事情绪极其不佳，嘴里面不知道在唠叨着什么，于是好心的郑龙便询问对方有什么事。对方对郑龙说起了自己所遇到的事后，说尽了公司的坏话。郑龙就像以往一样，附和对方的话语，顺着对方的话语说下去。但是没想到他们的这些谈话传到了老板的耳中，而向郑龙说起那些话的同事，却将自己所说的话都推到了郑龙的身上，说是郑龙说的。

郑龙带着遗憾和委屈离开了这家公司。他都快悔死了。

"过于讨好他人，难获真正职场友谊。"

虽说在职场中生存，就像是郑龙的学哥学姐所说的那样不仅仅需要很好的工作业务能力，还要学会与身边的同事融洽相处。但是值得年轻人注意的是，这种相处并不是像郑龙那样在待人处事时没有任何的原则，不把握社交距离，而刻意去讨好他人。像这样去做，不仅不能真正地使得自己成为深受同事们欢迎的同事，甚至可能在有些时候会引火烧身。上述实例中郑龙的经历便很好地向我们证明了这一点。

不错，年轻人要想在职场中获得更好的生存和发展，不仅要有杰出的工作能力，还应当能够与身边的同事融洽相处，同他们建立良好的职场友谊。可是，这种友谊的建立，并不是依靠一味地讨好他人，而是要靠我们自身的人格魅力。换句话来说，就是你是否能够得到同事的认同，并与他们建立起职场友谊，是由你在工作中、在同他们交往的过程中的所说所做决定的，而不是迎合，更不是讨好。

例如，在工作中你能显示出比其他的同事更为优秀的能力，能将工作做得比他们更好，并且在看到同事在工作中遇到了困难时，能够给予恰当的帮助；或者是你在发现同事犯了一个错误的时候，婉转地告诉他们不应该这么做，并帮助他们解决这一问题；或者是当你发现同事情绪沮丧，不开心，过去适当地安慰几句，让他从不悦的状态中走出……你可以像这样去帮助他们，跟他们交流和沟通，并且是出自真心的，而不是像郑龙那样完全放弃自我，刻意迎奉对方，你就能够真正得到对方的友谊。即使在当时，他们可能不会接受，但是最终他们是会明白你的好意的。

要想获得他人的好感，真正获得对方的友谊，并不是完全磨灭自我去说对方喜欢听的话，做对方高兴的事。而是在于我们是否怀着一颗真诚的心去面对他们。因为人与人之间的交往玩不得半点虚假，就像是照镜子一样，我们以什么样的态度对待对方，对方就会用什么样的态度对待我们。

还有一点值得年轻朋友们注意的是，虽说在职场中生存需要考虑是否能够跟身边的同事建立起良好的关系，但是它并非是我们在职场中立于不败之地的主要因素，因为决定你是否能在那家公司有着怎样发展前景的是公司的老板，而非你的同事，而老板看中的却是你所做的工作能够给公司，给他带来怎样的经济利润。也就是说，年轻人在步入职场之后，不要将精力过多地放在怎么去与同事交往上，而是应当想着怎样将自己的工作做好。

"你要想受到他人欢迎需使得他人欣赏你的本人，而并非是你为他做了什么。"

要规避掉过分讨好他人的习惯，年轻人就必须明白这一点。举一个最简单的例子吧！就拿你自己来说，在同你交往的人中，那些跟你关系不错，并且你欣赏的人，是不是在他们的身上都有某一点让你钦佩和羡慕呢？而那些整天围绕在你的身边嘻嘻哈哈的人，你又是否真的将他们当作朋友呢？是否真的喜欢整天跟他们呆在一起呢？

答案不言而喻。如果让你自己选择，你还是喜欢跟前者交往。

一个人是否真的受到他人的欢迎，并不在于他在与人交往的时候，是否一味地为了他人高兴而刻意地迎奉、讨好他人，而是在于他所作所为，他是一个怎样的人。请记住这句话：讨好所有的人是不可能的，根本不必去尝试。"受欢迎"的本意是使他人赏识你的本人，而不是你如何去附和对方，让对方开心和高兴。也就是说，当年轻人在走上工作岗位之后，要将自己的优点和长处发挥出来，做出实际的成绩。只有这样，才能真正地得到同事的认可和欢迎。

"以一颗真诚的心面对自己的同事。"

人与人交往贵在真诚，只有当我们真心对待他人的时候，才能得到他人的真心对待。身在职场中的年轻人因为所处的环境比较特殊，在与人交往时，难免会出于某种目的，会压抑真实的自我去与人交往。这种做法虽然暂时能够给我们带来益处，但是长此以往，却可能会将我们的职场生涯彻底毁掉。因为你的这种待人方式是具有目的性和功利性的，就像是一种投资，当目的达到之后，便很可能在态度上来一个一百八十度的大转弯，从而给人留下极其不好的印象，毁掉了自己的名誉。这何尝不是给自己的职业前途埋下了一个随时可能爆炸的地雷呢？

虽说在职场中与同事之间的关系非常重要，但是千万不能因要获得他人的好感，而去讨好他们，丧失自我。因为一个真正深受他人欢迎的人并不是因为他多么会迎奉、附和他人，而是因为他做出了令人羡慕和欣赏的事实。归根结底，我们所欢迎的是他本人，而非是其他的什么。

那些过激的方法，其中最主要的表现，便是过分地讨好他人。这样一来，他们不仅不能真正地获得他人的好感，被他人所接受，连他们所想要获得的职场友谊也是水中幻影了。

最怕自我感觉良好

在职场，要想出人头地，的确需要适当表现自己的能力，让同事和上司看到你的卓越之处。但许多心高气傲的职员往往陷入这样的误区，那就是把表现自己的时机错误地放在了与自己同处一个地位的同事面前，不知什么是收敛，结果往往在职场竞争中输得莫名其妙。

黄某是一个精明能干的公司职员，他很早就参加了工作，博览群书，学识渊博，是个人才。因此，他常常恃才自傲，动辄与人发生纠纷，而且极爱炫耀自己，同事们对他极为反感，认为他自以为是，过于固执。有一次，他奉调前往某科，一到那里就与办公室主任吵了起来，责怪人家派给他的工作太少，认为像自己这样才华横溢的人得不到重用真是冤枉，言语咄咄逼人。结果可想而知，这个科长向上级告了他一状，说他恃才傲物，不服管制，不久，他就被单位解雇了。

"自命不凡，毁掉的往往是自己。"

所谓自命不凡、目中无人的性格，就是凡事以自己为中心，总认为自己是本群体之中最杰出的人物，瞧不起"我"之外的所有人。他们往往固执地坚信自己的经验和意见，从不轻易改变态度。

而且往往将自己的意志强加到别人头上，以自己的态度作为别人态度的"向导"，认为别人都应该和他有一致的看法或意见，稍有违背，则认为自己正确而别人错误。他们不愿改变自己的态度，即使明知自己错了也是如此。他们自尊心极其强烈，在别人看来是件很小的事情，在他们看来却是极碍面子、对自尊心伤害极重的事情。他们不愿伤自尊心，于是便不择手段地维护自己的自尊心，哪怕对自己并无实在好处。

目中无人的人只关心个人的需要，在人际交往中表现得很自负。高兴时海阔天空，不高兴时则不分场合乱发脾气，全然不考虑别人的感受。另外，与别人初识时往往过于亲密，讲一些不该讲的话，这样一来，别人反而会出于心理防卫而与之疏远。

格林童话中有这么一个故事：

从前，有一位国王，膝下有一个女儿，美丽非凡，却因此而傲慢无理，目中无人，求婚的人里没有谁中她的意。她不但一个接一个地拒绝他们的美意，而且还对人家冷嘲热讽。有一回，国王举行盛大宴会，邀请了各地所有希望结婚的男子。先入席的是几个国王，接着入席的是王子、公爵、伯爵和男爵，最后入席的是其余所有应邀而来的男子。公主走过这个行列，对每一位都是横挑鼻子竖挑眼，这位太胖啦，她就用轻蔑的口气说道："好一个啤酒桶！"那个呢，又高又瘦，她就评头论足地说道："活像一只大蚊子！"下一个呢，太矮啦……"五大三粗，笨手笨脚"，她又说道。第四个呢，脸色太苍白啦，"一具死尸"。第五个，脸太红润……"一只公火鸡"。第六个呢，身板儿不够直……"像一块放在炉子后面烤干的弯木头"。就这样，她看谁都不顺眼。

有一位国王，下巴长得有点儿翘，更是免不了遭到她的大肆嘲笑挖苦。"我的天哪！"她一边放声大笑一边高声地说，"瞧这家伙的下巴呀，长得跟画眉嘴一模一样啊！"打那以后，这位国王就落了个诨名——画眉嘴。老国王发现女儿只是在嘲弄人家，对每个前来求婚的人都嗤之以鼻，便大动肝火，把她嫁给了第一个上门来讨饭的叫花子。

之后她就跟着那位叫花子一起生活，受了很多苦，做家务、编筐、纺线、卖陶器，后来，好不容易找了一个帮厨女佣的工作，勉强可以糊口，再看到皇宫中举行的盛大舞会，她才不无哀伤地想起自己悲惨的命运，站在那里泣不成声。反省到正是因为自己一向傲慢无理，目中无人，才落到今天这般贫穷凄惨的境地，感到痛悔不已。

当然，这只是一个童话而已，实际上，那个叫花子就是那个画眉嘴国王，他这样做全是为了帮助她克服她的傲慢无礼，惩罚她对新郎的嘲弄，最后她还是过上了幸福的生活。但从这个童话中我们可以领悟到，不管是什么样的人，只要傲慢无理、目中无人，别人都将会无法忍受，这样的人最终会为自己的行为受到相应的惩罚。

现实生活中这样的人也不少，心比天高、目空一切、目中无人、眼高手低、自以为是，对别人吹毛求疵、冷嘲热讽，这样的人是没有人愿意跟他一起工作的。为什么有的人会自以为是，目空一切，不肯接受忠告呢？原因很多。最主要的原因是由于缺乏率直的心胸，所以很容易自以为是，眼界变窄。希特勒就是最好的例子，他不肯接纳他人的意见，认为自己的想法绝对正确，在这种认识下，他发动了第二次世界大战，使许多无辜的人丧失宝贵生命，又造成世界经济大恐慌，而他自己也为此付出了极其惨重的代价。当今社会中这样的人还不少，他们之所以如此，也是因为缺乏率直的心胸。而有率直心胸的人，一定能够从各种角度观察事情，所以绝对不会受某种主义或思想的拘束，反而能够撷取各种主义与思想的优点，融会应用在行动中，提升自己的生活品质。

人们都不喜欢骄傲自大的人，这种人在与他人合作中也不会被大家认可。你可能会觉得自己在某个方面比其他人强，但你更应该将自己的注意力放在他人的强项上，只有这样，你才能看到自己的肤浅和无知。因为组织中的任何一位成员，都可能是某个领域的专家，所以必须保持足够的谦虚。谦虚会让你看到自己的短处，这种压力会促使你在团队中不断地进步。

"以谦虚之心面对工作，轻视者必定会得到轻视的回报。"

工作中的谦虚就是当你身居某个显赫的位置时，并不认为这个职位就非你莫属，离了你地球都不会转动，而是要想到还有很多优秀人才也能胜任，只是缺少像你一样的机会，从而做到爱岗敬业、一丝不苟。

工作中的谦虚是当你取得某项成绩、获得某项荣誉时，并不认为是一己之劳，而是离不开领导的关爱、组织的培养和同事的协作，从而把鲜花和掌声当成一种鞭策和鼓励，当成新的开始。

正如谚语"一分荣誉，十分责任；一分成绩，百倍虚心"所说的那样，谦虚是在年终考核、民主评议，或在私下某个场合时，当有的同志并非用心不良、居心叵测给你提出一些缺点和值得改进的地方时，你不会暴跳如雷、一触即发，而是认为自己确有不足和差距，抱着"有则改之，无则加勉，言者无罪，闻者足戒"的态度洗耳恭听，虚心接受。

事实上，没有一个人能够有足够的资本骄傲。因为任何一个人，即使他在某一方面的造诣很深，也不能够说他已经彻底精通，任何一门学问都是无穷无尽的海洋，都是无边无际的天空……所以，谁也不能认为自己已经达到了最高境界而停步不前、趾高气扬。如果是那样的话，则必将很快被他人赶上并超过。虚怀若谷、虚心好学才能容纳真正的学问和真理，才能取人之长、补己之短，日益完善自己的能力和人品。

爱因斯坦是20世纪世界上最伟大的科学家之一。然而，在他的晚年，他还是在不断地学习、研究。

当有人问他："您的学识已经如此渊博，何必还要孜孜不倦地学习呢？"爱因斯坦并没有立即回答他这个问题。他找来一支笔、一张纸，在纸上画上一个大圆和一个小圆，对那位年轻人说："在目前情况下，在物理学这个领域里可能是我比你懂得略多一些，正如你所知的是这个小圆，我所知的是这个大圆。然而整个物理学知识是无边无际的。对于小圆，它的周长小，即与未知领域的接触面小，他感受到自己的未知少；而大圆与外界接触的这一周长，所以更感到自己的未知东西多，会更加努力地去探索。"

"善于向优秀的员工学习。"

身为公司的一名员工，我们应该向优秀的员工看齐，学习他们的能力和品格。尤其新进员工，更应该以虚心的态度，向上司、资深同仁等学习待人接物以及工作技巧。

新进一个公司，许多工作事宜必须得到他人教导。比如，有关业务的操作、票据的填制等，都必须认真学习。这是一个为了自我成长而努力学习的阶段。新进员工本身的工作态度和举动，也会影响到资深同仁对你的印象，这点必须留意。如果新进人员能够自爱，经常以积极、谦虚的态度来请教他人，人家必然乐于倾囊相助。新进人员除了学习资深同仁的工作方法之外，还要学习如何与同仁和谐共事，以体会团体精神的精髓所在。

有一部分人认为只有高调做人，大开大阖，才能担当重任；而畏首畏尾、不敢得罪人就会沦于平庸，有负公司的厚望，因此，保持高调，认真做事就可以了，这样的人往往对别人的长处视而不见，对自己的成绩沾沾自喜。他们在工作中和生活中总是显得趾高气扬，对人满不在乎，总是与人争执不休，因而失去了同事和上司的信任与好感，并且人际冲突不断，肯定不会对个人事业产生积极作用。

激烈的商业竞争中，人心都是很微妙的，如果我们取得了一丁点的成绩就四处炫耀自己，大家都会不由自主地产生排斥心理："他的那点成绩算什么呀！""没有我们帮助他，他能做到这一步吗？"各种抵制和不满的情绪就会扩散开来。而对于一个谦逊低调的员工，大家反而会经常记起他的成绩。

谦逊、低调、不出风头，时刻以大局为重，这都是令人终生受益的美德。

一个低调、谦虚、不骄不躁的人才是团队中真正受欢迎的人。这样的员工通常都有过人的能力，是我们学习的榜样。

无论我们身处何种行业，担当何种职责，我们必须记住：一定要以谦虚之心对待工作，对待同事，不断向优秀的员工学习。只有这样才会得到大家的信任和支持，而大家的信任和支持是一个员工在团队中有所发展并对公司有所贡献的前提。

踏实、踏实、再踏实些

或许，你能力突出，并有着伟大的理想抱负。但是无论如何，你都要对自我有一个较为清醒的认知，脚踏实地去面对自己的工作。

有这样两个年轻人，一个叫维，一个叫力。他们是大学同学，关系很好。在毕业找工作的时候，他们竟然向同一家公司投递了简历，并且同时被录用。这两个小伙子，他们在校期间的表现不分上下，如果真的要分出个谁优谁劣的话，维在某些方面还要比力强一些。

维和力同时上班了。在开始的时候，他们都对自己所做的工作充满了热情，可是随着时间的慢慢推移，力倒是没有什么变化还是像以前那样去面对工作，可是维却再不能静下心来了，老是觉得凭着自己的能力不应该做现在的事情，而是要做比现在更加重要的事。他有了些怨言，并且在跟力聊天的时候，常常会将心中的这种不满说出来。

力当然是劝维不要埋怨，并且告诉维总有一天会被重用的。

维对力的这种说法不以为然，反倒反问力，要等到什么时候。

维对自己的工作似乎越来越没有兴趣了，如果不是不想被辞退，恐怕他连手头上的工作都难以做下去。

一天，两天，转眼之间试用期就快结束了。很可惜的是维和力两人之间只有一个人能留下来。毫无疑问，留下的是力。

维对于自己被辞退似乎并没有觉得是多大的损失，反而觉得像是解脱了一样。他兴奋地对力说：终于解脱了，我终于能够去做自己想做的事了。

维想得很好，但是事实并非如他所想。从那家公司出来之后，维投入到新的一轮找工作的征途，但是他始终没有找到他所期望的、能受到重用、一进公司就会去做一些重要事情的工作。

"我们在职场中受挫，大多是因为过于高估自己，无法脚踏实地所致。"

不能够清晰地认识到自己的优缺点，并且老是觉得自己不错，让我们难以用平稳的心态去面对工作，就更别说把工作做好了。许许多多刚刚进入职场的年轻人，他们并没有在职场中取得很好的成绩，并不是他们本身没有能力，而是在有些时候，将自己的能力估计得过高，以至于让他们难以脚踏实地的将现在的工作做好，而失去了做更好的工作的机会。维的经历就告诉了我们这一点。由此可见，我们要想在职场中稳住自己的位置，并且获得不断的进步和发展就必须从这种错误中走出来。

"你必须要对自我有一个正确的认知，知道自己能做什么不

能做什么。"

　　这一点是非常重要的，也恰恰是许多人在职场中觉得自己不受重视，有点怀才不遇的心理的最主要原因。就像是上文中所说的一样，他们认为自己能力强，只是自我的一种感觉而已，并不是真正的有能力去处理好工作中的那些事情。

　　我们只有有能力才能将事情做好，并且这种能力是实实在在的，并不是一种感觉，也就是说年轻人在进入职场的时候，就必须对自我的能力有一个全面的了解，不仅如此，还要进一步的认识到自己所想做的事情必须具备一些什么样的能力。如果只是单纯地觉得自己的能力相当的不错，可以胜任所想做的工作，而对做好那项工作所需要的能力不予考虑，我们是很难将那件事情做好的，即使是勉力而为，同样会在职场中给我们带来不好的影响，因为很多人看到的并不是你敢于挑战去做的勇气，而是你是否能够真正地将那件事情做好，取得什么样的结果。

　　对自己的能力有一个全面而清晰的认识，寻找出自己与所想做的工作之间的区别，努力地将自己现在能力所能及的事情做好，并在其中不断的学习，积蓄你所想做的重要的事情的能力，这才是我们一步步走向成熟，成为职场中不可或缺的人物的正确方法。

　　"永远不要把事情看得太简单，要认识到事情的表象跟实质之间的区别。"

确实，在很多时候，我们看有些人处理事情时，显得非常的轻松，以至于觉得要想做好那件事情也没有什么了不起的，自己也能够做好。但是事实上真的是那样吗？其实，我们所看到的只是一种表面现象，只是看到了这一刻他人所表现出来的表象，而忽略了他们在这之前所下的苦功。他们现在能够轻松地处理好这些事情，是通过了很长时间积累的，如果没有那个积累过程，他们同样不能够处理好那些事情。这是我们在进入职场时所必须注意的，我们千万不要被一些表面的现象迷惑，而停留在事物的表面上，以至于把事情看得很简单，觉得凭借自己的能力照样能够做好。

"管住自我的情绪，千万不要凭借热情与冲动去做事。"

　　我们很多人很想在工作中表现出自己的实力，向大家证明自己的优秀，可是在很多的时候，一旦他们真正要去处理一些他们渴望所做的重要的事情时，虽然他们明知道凭借自身的能力可能做不好，但是他们还会咬着牙苦撑下去。可惜的是，年轻人的这种苦撑却并一定能够将工作做好。事情往往是人们虽然只是赞赏他们的这种勇气，但是却更关注他们所做的事情结果。

　　在现实的职场中，有些事情是残酷而没有任何道理可讲的。当我们不能够顺利地完成任务，将事情做好，必定会给我们在职场上的发展留下一定的隐患，甚至还会因此在老板、上司以及同事们的心中留下一个能力不足但是却又喜欢出风头的印象。

　　因此对身在职场，尤其是一些刚刚走进职场的年轻人来说，应该尽量地克制住自我的热情和冲动，在面对一些事情的时候，不要将自己看得太高，而是应当真正地认识到自我的能力，可以尝试去做一些有挑战的事情，但是不可凭热情和冲动去硬撑。

淡定看世界，坚定做自己

"靠家里，你可能会当上公主。靠男人，你可能当上王妃。但靠自己，才能做自己！"

女人应该不放弃自己的目标，不放弃自己的人生选择，不放弃自己的所有努力。不要抱着努力过后有没有回报也不过如此而已的心态。女人要懂得追求，追求自己真正需要的，真正想要的，不要等到老得掉牙的时候才去追求。

做自己，或许有的人只敢想，不敢做，甚至有人连想也不敢想，如果人那么自卑的话，就对不起上帝所给予你的了。

上帝之所以会创造那么多人，也只不过是希望每个人都能凭借自己的努力去追求自己真正需要的东西，让自己幸福起来。

如果连想也不敢想，那么那个人就注定一辈子停留在原地，就连机会也不会有。人要想做自己，就必须要做到，敢想敢做。

张爱玲说："成名要趁早。"现在才选择做自己，是不是已经晚了呢？我们都是普通人，不想成名，只想活得幸福，所以也就没有时间的限制。选择做自己，有了这个想法，你就已经迈进智慧的大门了。做出这个决定，你就是离幸福不远了。孔子说："朝闻道，夕可死矣。"不是吗？

我有一个红颜知己叫水心。水心是一个人见人爱的漂亮女孩，是校花，学习成绩也出奇的好。

　　这样的女孩自然少不了追求者。正是这些追求者，让水心迷失了自我。

　　在参加高考前夕，她跟着男孩一起辍学了。

　　"我做生意，你当我的贤内助，好不好？"

　　"我愿意。"

　　"我要努力赚钱，等我发了财，我要让你成为最幸福的女人，我会用我的生命去爱你，永远把你当成我的公主。"

　　面对一个男孩的海誓山盟，痴情的水心就这样把自己的一生拴在了一个男孩的承诺上。虽然她知道，她的梦想并不是做一个围墙里的公主。她喜欢在路上的感觉，所以她的梦想是做一个出色的导游。可是为了爱情，她把自己的梦想掐灭在萌芽中。

　　很快，他们十指相扣，走进了婚姻的殿堂。

　　婚后的生活平淡而琐碎，水心恪守着彼此的约定，心甘情愿地做家庭主妇，洗衣、做饭、孕育生命。男人则奔波在外，创业、赚钱。

　　三年后，男人成功了，他成了一家贸易公司的老板，并且有了好几家分公司。

　　"孩子也大了，我出去工作吧，一来可以有事做，二来也好帮帮你。"水心和丈夫沟通。

　　"不，亲爱的，我要你做我的公主，你待在家里就好。"

　　看男人如此温柔，水心彻底放弃了自己的导游梦，彻头彻尾地过起了富太太的家居生活，逛街、购物、相夫教子。没有工作，没有自我，只有男人和孩子。

这样的日子虽然富裕，但水心一点也不舒心，总觉得心里空荡荡的。朋友们都责怪她不知足。水心也说不出为什么，虽然从物质上说，她找不到任何不快乐的理由，可是她的精神却没有满足感。

直到有一天，男人身边有了另一个年轻女人，并向她提出了离婚。

心灵的痛楚当然不可避免，但水心并没有太多的悲伤，她没有把责任推到男人身上，而是深深地自我反思。因为从19岁那年，她就遗失了自己，找不到自我了。

水心有点痛心，33岁的年龄，该如何重头再来？是不是太迟了？可是复苏的导游梦召唤着她的心，她再也按捺不住了。

就这样，水心只身来到北京，报了培训班，用了一年多的时间，就把中文和英文导游证都考了下来。后来，她不仅圆了自己的导游梦，还拥有了自己的旅行社。

回忆往日的"公主生活"，水心深深地领悟到找到自我是多么重要。她对我说感谢那场婚变，让她有幸体会到为自己而活是怎样的精彩，否则，真的要抱憾终身了。

人应该是一棵站立的树，历经狂风暴雨却屹然挺立；人不应该是一根藤，一根只能依靠他物才能生存的藤。在生活中，我们也许会有迷失自己的时候，但你千万不能因此彻底丢掉了自己，也不能因为时过境迁，就自暴自弃。无论在多么恶劣的环境里，无论在什么样的年纪，大胆地做出为自己而活的决定，都是了不起的事情。千万不能因为担心年龄而畏首畏尾不敢做出正确的决定，那是对生命的亵渎。

生命匆匆，不必委曲求全，不要给自己留下遗憾，以自己喜欢的方式生活，做自己喜欢做的事，坚定做自己，做一个独特的自己才是最重要的。

在自然界，有一种毛毛虫，它们在森林中行走的方式非常奇特。它们中的每一分子都以自己的头紧连着前面那条毛毛虫的尾部，一边走一边吃它们最喜欢的橡树叶。

生物学家们为了测试这种毛毛虫的盲目特性究竟有多强，做了这样的试验：他们将一串毛毛虫放在花盆旁，让它们首尾相连。只见毛毛虫开始围着花盆绕圈子，一只接着一只地走着相同的路。虽然它们的食物近在咫尺，然而这一群绕成圆圈的毛毛虫，却因为只会盲目地跟着其他毛毛虫的脚步行动，竟然就这么一圈一圈地绕下去，直至饿死为止。

实际上，在现实生活中，有的人也像这种毛毛虫一样，一辈子都在盲目地跟着别人的脚步走，一点儿也不清楚自己要的是什么，等到生命终了的时刻，才发现原来自己并不曾真正活过。

实际上，每一个人对生活的看法都是不同的。有的崇尚自由，有的喜欢富足，想要什么样的生活完全由自己来决定。不要让别人的思想左右了你，只要你自己喜欢，只要你能为自己的快乐而满足，你就可以享受属于你的生活。如果你总是觉得不满，那么即使你拥有了整个世界，也会过得不快乐。

第七辑

选 择 对 了， 世 界 才 是 你 的

找准自己的人生路

我们为什么停不下脚步？为什么一停下脚步，我们就会感到心慌？一个重要原因就是我们没有找准自己的人生路。

在现今节奏变快、竞争激烈的时代背景中，我们似乎真的难以真正静下心来规划自己的人生，想想自己以后的道路如何走。不是我们不去想，而是现实似乎不给我们时间。因为，我们所见到的身边每一个人，他们都像是百米冲刺一般的狂奔。此时，有多少人能真正变得淡定，不会受到影响呢？即便我们真的想要静下来，仔细地想想，给自己的人生一个全盘规划，恐怕迟早也会在身边人：家人、亲戚和朋友等言论下"变节"，在不知不觉中尽力向前奔跑，却浑然不知自己到底要跑到哪儿。

像这样的人生，无疑是焦心忧虑的，同样也会为我们的人生带来诸多的问题，让我们生命的天空中充满了忧虑、焦躁等阴云。

我们原本是为了让自己或者家人过得更为快乐和幸福才如此的啊！可是，为什么得到的是这样的结果，想要改变却又无能为力呢？

或许，有人会说，人生就是如此，在现今的时代中更是如此。真是如此吗？倘若你真的认为是那样，又何来焦虑、忧虑呢？

事实上，我们很多的人之所以焦急、忧虑，最根本的原因在于自己，在于没有找准自己要走的人生道路。他们的奋斗、努力，大部分是因为受到身边的人和社会的影响而已。

"想成功只需要两件事：第一，明白你要的是什么，而大多数人从来不知道要这么做。第二，要有必须为成功付出代价的决心，然后想办法付这个代价。"

这是美国著名的石油大亨亨特在人们问及他成功秘诀时所说的话。

有人可能会说他明白这一道理，也知道人生需要给自我设立一个清晰的目标。有的人可能还会说出一大套理论出来，但他们会说知道这些又有什么用，现实跟这完全不是一回事啊！

是的，我们所知道的这些人生大道理，似乎跟现实格格不入，就像是韩寒在《后会无期》中所说的那样：道理都懂，但是依然过不好这一生。那样，似乎让我们的人生变得更为不尽如意。因为，我们毕竟生活在现实的社会之中，纵使我们有再伟大的理想和抱负，也不能违背"先生存再发展"这一规律，而在这现实而竞争的大时代背景中，如果没有一点点的"资本"，花时间去考虑、规划未来，恐怕连生存都成为问题。

我们大多数的人考虑得都极为现实，也不能完全说他们对未来没有规划，只是没有想到一旦他们选择了向现实臣服，就像是被绑架到一列快速奔驰的列车，不是想下来就能下来的。

因为，骑驴子找马，在很多的时候找到的可能是比驴子还要差的猪或者别的什么。

我还记得当年大学毕业准备找工作时，一位学长跟我说过的话。他问我对未来有什么打算。我说打算是有的，但还是要先找一份工作养活自己。他接着问我准备找什么样的工作。因为，在这之前，我已经找了一段时间工作未果，也知道了职场的竞争激烈，犹豫了片刻便说，自己没有什么太多的想法，只要找一份工作就够了。

他听我说完后，不由得皱起了眉头，说理解我此时的心情，但还是奉劝我一定要慎重，一定要找准自己的路，选择好自己的职业，如果只是想找一份工作，到时候便会陷入很多的现实问题中，到时候就是想有所改变也很难。

说真的，当时我并不赞同他的这一观点，甚至觉得他也未免太过于杞人忧天。但现今，我却觉得他所说的不无道理。因为，现实中我遇到了不少的人，他们在跟我聊天时，言语中透露了一个信息，后悔当初找工作不够慎重，以至于陷入了现今的困境。我说他们既然想做的不是现在的工作，为什么不换换呢。他们大多尴尬地笑笑，并说他们也曾想过，但人在很多的时候不能不肩负起一定的责任，要考虑的事很多很多，不是想怎么样就能怎么样的。

是啊！这就是现实，人生的现实。

如果我们不能找准自己的人生方向，找到自己要走的路，不就像是登上了一列不知道开往什么地方的列车，虽然在前行，但是因为前路的未知，又怎能真正地安心、淡定呢？

当我听到他们说的那些话时，我感到了一点小小的庆幸，庆幸于自己在找工作的时候找到的是自己感兴趣的工作。在走过的这几年，虽说没有获得什么巨大的财富，但却是较为稳健地一路向前，并且情形逐渐好转。而更为重要的是，我从我做的工作上感受到了快乐和意义。

这对于我来说，不就是人生中最大的成功吗？

"喜欢冒险的人都会随身带一只指南针。因为他们知道最可怕的不是弹尽粮绝，而是在途中迷失方向，找不到自己要走的路，那么即便你再努力，也只能是南辕北辙而已。人生也是如此，如果你没有找准自己的方向，永远都不能找到属于自己的幸福。"

在这儿，我不由得想起了曾经在某本书上看到的这句话。

我们之所以焦虑、忧虑，不就是自己的人生失去了方向，不知道明天会怎样吗？

既然如此，我们为什么不停下来，抬头看看自己的路，看看是不是找准了呢？倘若，我们真的找准了自己的路，哪怕现在看不到自己所期望的结果，但只要不停下来，就是在前进，迟早有一天会得到我们所想要的一切。

"只要路是对的，就不要怕远。"

让我们用三毛的这句话来激励自己，让我们朝着我们找准的方向前行吧！那才是，真正让我们感动，并感到快乐、幸福的种子。

只要心怀希望，生活就不会绝望

我们只有树立了远大的理想，才能取得更大的成就。我们的思想决定着理想，理想支撑着自信，自信引导着行动，行动直接关系着理想的实现。所以有人说心有多大，舞台就有多大。

有这样一个故事：

一个年轻人，整天游手好闲、无所事事，不久就沦为乞丐了，整天走街串巷地乞讨度日。开始时，年轻人向别人乞讨还觉得有些羞愧，但是渐渐地就习惯了，整天"衣来伸手，饭来张口"，省力省心的日子还挺滋润，年轻人觉得自己的乞丐职业是再理想不过的了。

到了冬天，乞丐的日子就难过了，一次他好几天都没吃饱，又冷又饿。乞丐来到一个大富翁的门前，向富翁伸手乞讨，富翁施舍给乞丐一些衣物，但是富翁很不屑地对乞丐说："年轻人，你知道我为什么这么富有吗？"乞丐摇摇头。"因为我的理想就是富翁。你知道你为什么这么潦倒吗？"乞丐又摇摇头。"因为你的理想就是乞丐！"富翁说完关上门进去了。

乞丐听了富翁的话很震惊，突然觉得自己的理想太低了，所以才越来越卑微，应该像富翁一样有发迹的雄心壮志。乞丐吃饱了肚子，穿上富翁施舍的衣服，就到市场去找活干了。不久乞丐就有了自己的庄园田产，过上了温饱的日子，不再是沿街乞讨的乞丐。

"理想是乞丐，就永远不能成为富翁。"

富翁的话很能警醒人。

是啊，他的理想就是富翁，他能不朝富翁的目标奋斗吗？乞丐的理想就是靠乞讨为生，所以他只能沿街乞讨。从中我们也可看出，有什么样的理想就产生什么样的作为。理想对我们很重要，每当我们想达到某个目标时，我们就会竖起某方面的自信，即使中途有许多困难，也无所畏惧，这就是理想的信念产生的力量。所以有了理想我们才能有动力，我们的理想越远大，我们的实际干劲也就越大，因为我们要完成计划中的各个环节，无论每个环节中困难有多大，我们都不能退缩，一旦退缩就会使整个理想变为空谈。理想就是我们将信念转化为行动的支撑点，没有这个支撑点我们撬不起行动中的阻力。

许多人都有自己的理想，但是需要的时候他们又缺少干劲儿，什么原因呢？因为他们的信念不够坚定，当他们遇到一些挫折时就逐渐削减了自己的意志：自己本来想当经理的，目前只能向主管进军，但是同事之间的竞争又很激烈，自己稍有不慎就有丢工作的危险，工作干得很吃力，主管的位置还不知何年何月能实现呢，更不要说经理了。自己就先应酬好自己的工作吧，理想归理想，现实与理想的距离实在太远，自己只能这么做。

他们这样想，无形中就削减了自己的干劲。有时甚至觉得自己的理想离自己太遥远了，根本实现不了，还不如就这样做个职员算了，说不定资格老了还能升为主管呢，于是他们就降低了自己的理想。这并不是他们的能力出现了问题，而是他们的信念不坚定造成的，许多有成就的成功者当初也都与我们一样，他们面对自己的理想却有着常人不具备的坚定信念，他们绝不会因为一时的困难与挫折就削弱了自己的干劲。

"老干妈"辣酱的创始人陶华碧，当初做辣酱的时候规模很小，但是她的理想却很大，她要将小小的辣酱做成全国知名的品牌食品。开始招了几个年轻的工人，因为原料中有许多辣椒，搅拌起来呛得人受不了，陶华碧为了鼓舞大家，她亲自下手做原料，两眼被辣得流泪还继续做，许多年轻的职工都很感动，在她的鼓舞下鼓足了干劲，最后终于将辣酱做成了知名食品。

如果我们的理想太低，就直接决定了我们懒散的决定，因为你制定的目标很低，就很容易完成，你自然就降低了对自己的要求，就像上面的乞丐一样，自己的理想已经是乞丐了，自己只需伸手乞讨就行了，何必再努力呢？

不管理想能否实现，只要我们奋斗过，我们的人生就是充实的。鸟儿飞过天空，但是没有留下任何痕迹，我们何不做一次淡而有味的人生呢？可能我们想成为作家，我们就从写日记开始吧；假如你想成为知名演员，你就不要怕又苦又累地跑龙套；如果你想成为科技人员，你就从基层车间干起吧。只要我们有"富翁"的理想，就绝不会成为"乞丐"，你说呢？

"你对现在的你不满，是因为你的定位不够好。"

理想是我们的大目标，而在生活与工作上的小环节中我们还不能缺少对自己的定位。不管是阶段性的还是长久性的，我们都要对自己各方面有个具体的定位：我们已经工作了，自己以什么样的姿态出现在公司里呢？自己的外表应该如何修饰呢？自己的生活是否应该加快节奏呢？自己是否应该在工作上多制订一份计划呢？

像这些具体的事情，都是你对自己的定位，是你对自己预期要达到的某项标准的制定，也许是工作上的大事，也许是生活中琐碎的小事。

理想很丰满，现实很骨感

理想能够实现，说明具备两个因素，一方面理想切合实际，另一方面是个人的努力。有许多人一直在努力，但是毫无效果，这说明他的理想与目标不切实际。当然有了正确的理想与目标，不付出具体行动也是毫无意义的。

现实中，有人虽然有自己的理想，但是他们的理想高入云端，根本无法实现；有的人爱投机取巧，将自己的理想寄托于他人身上，结果自己最终是无助的；有的人像阿 Q，处处都自欺欺人。他们都为追求自己的理想陷入了困境，其实这个陷阱的制造者正是他们自己。

"你确立的是理想还是幻想？"

我们每个人都有自己的理想，也许当下许多走向工作后的年轻人已经不再谈论自己的理想了，可能是因为他们过了谈理想与抱负的年龄，也许是他们不愿意再谈及自己的理想，因为他们的理想不能实现。尽管我们不愿谈论自己的理想，但是我们内心始终会念起：何时才能实现我的理想呢？其实你始终都在为你的理想而努力。

有些人不愿谈起自己的理想，主要是因为他们对自己的理想有些失望了，因为经过长时间的艰苦努力，还是实现不了自己的理想，所以他们有些失望了。但是，我要说，这可能是他们的理想存在问题，才导致理想实现不了的。无数的事实告诉我们，理想之所以无法实现，除了客观原因外，与主观的过高奢望有着莫大的关系。理想如果设定得过于高远，遥不可及，受现实客观条件的制约，在落实的过程中，必定会劳而无功。这种情况下理想实现不了就是十分正常的事了。

如果你现在想一想，一些成功人士不断地调整自己的理想，你就会有所启发。是他们没有理想吗？不是，是他们在"调整"自己的理想，因为他们发现当初的理想不能实现，所以他们要做即时调整，制定出自己新的理想，也是能实现的理想。但是现实中许多年轻人都固执地抱着自己当初的理想不放，却怎样努力也无济于事。

赵娜特别喜欢音乐，她的理想就是要成为著名的歌唱家。她大学读的艺术院校，但是她的嗓音不怎么好，许多老师与同学都劝她改学器乐，不要学声乐。但是她仍然坚持自己的理想，非要学声乐，当歌唱家。

经过几年的专业学习，赵娜发现声乐确实很难，自己的嗓子条件很差，怎么练也没大进步。转眼就毕业了，赵娜的演唱水平很一般，许多艺术单位都不愿接收。赵娜又不愿做教学工作，她依然坚持练习演唱，朋友建议她先找一份工作，但是她不愿做，她怕工作后耽误了练功，平时靠朋友救济度日，生活过得很艰难。

张艳学的是工商管理专业，她的理想是做一名成功的女企业家，开办一家属于自己的企业。毕业前夕她发现自己的专业很不好找工作，她想从做小生意做起，为的是积累一些经验。但是张艳家庭条件很差，家人不但帮不上张艳的忙，还得让张艳尽早地承担家庭负担。张艳无奈，她必须找工作养家，于是张艳就找了一份文秘的工作。

工作不久张艳发现自己以前的理想太不现实了，根本就实现不了。她看好美容行业，一年后她又重新学习美容与化妆，学完后她与朋友合伙开了一家美容医院，效益很不错，张艳又开始了她新的工作，而她新的理想是当一名美容师。

赵娜与张艳都有理想，尽管两人当初的理想都没能实现，但是张艳及时调整了自己的理想，后来就干得很好了。赵娜却抱着旧理想不放，但是她没有从自己的实际情况出发，自己的嗓子不好，再努力也难成为歌唱家，她那样下去只会耽误自己的发展。

我们年轻人都是越活越现实，进入社会走向工作以后，我们会发现现实与我们理想中的情况大不相同。也许我们当初制定的理想是很幼稚的，是不切实际的，根本就无法实现，这时我们如果再抱着旧理想不放，不是很迂腐吗？

我们要及时调整自己的理想，应从现实条件出发，从自身因素考虑，重新制定自己的理想。也许你以前想当工程师，以后可能要向会计师发展；也许你以前想成为作家、诗人，现在你可能更想成为一名学者；也许你以前想从政，现在你也许想成为一名企业家。无论干什么你始终都在发展，无论干什么，不能说你以前的理想好，现在的理想就不好，只要你能将自身的价值发挥出来，你都是成功的！

学会调整自己的理想对年轻人的发展很重要，我们要活在现实中，要为能实现的理想而努力，不应为不切实际的幻想而奋斗。自己的情况自己最清楚，现实的阻力你也很明白，那么基于这两种情况考虑，你的理想是不是切合实际，你自然就明白了。调整自己的理想是可以的，但是我们也不能过于草率，如果你自身条件很优越，只是现实情况比较差，经过长期的努力能实现的理想，你最好要坚持下去，免得犯见异思迁的错误。

我们要做一名实干家，不要做一名空想家。那么我们的理想就该是能实现的理想，而不是幻想，爱幻想的学生时代已经过去了，我们应该开创现实时代。

你不勇敢，没人替你坚强

"吃自己饭，流自己汗，自己事业自己干，靠天、靠人、靠老子，不算是好汉。"要想实现自己的理想，就要靠自己去打拼，不要把希望寄托在别人身上。

秀美毕业于一所知名高校，她学的是中文专业，一毕业就到一家诗歌杂志社工作了。秀美特别爱浪漫，她的理想是找一个经济条件很好的、又懂文学的男士，然后为自己提供安逸闲适的白领生活，想工作时就工作一段时间，不想工作时就待在家里种种花、养养鸟、弹弹琴、读读书、写点东西，尽量远离那些喧嚣的闹市，过高雅的文人生活。

秀美工作不久就有许多男士追求她，有杂志社的男编辑，有社会上的富人，也有在校的研究生。但是秀美都看不上，他们不是又富又土，就是又穷又酸，根本不符合自己的要求，嫁给这样的人怎能实现自己的理想呢。秀美整天向往着自己的理想生活，整天盼望着自己的白马王子。

一次，一位朋友为秀美介绍了一位男士，这位男士事业很成功，是一个公司的经理，轿车别墅都有，并且也喜欢文学。秀美与那位男士见面后谈得很好，随后就增加了私人交往，不久两人就确立了恋爱关系。秀美每次到男友那里都玩得很开心，后来她就将工作辞了，自己住在男友的别墅里。但是时间不长那位男士就对秀美有了意见，她建议秀美去工作，不能只待在家里享受安逸，那样只会使人堕落。秀美不听，依然故我，后来男友就与秀美分手了。

分手后秀美很痛苦，特别是她过了一段安逸的富贵生活后，根本就不习惯再过清贫的生活。没多久，经朋友介绍秀美又结识了一位富有绅士风度的男士。男士是一个文化公司的策划人员，事业也很成功，并且具有很高的文化素质。秀美也很欣赏男士的风度，不久就与男士订婚了。由于她迫切希望自己过上理想的生活，不久就与男士结婚了。

结婚后秀美又辞去了自己的工作，整天在家享受安逸的生活。他的丈夫是位很勤奋的男士，整天忙着读书、学习、策划活动，后来他发现自己的妻子是个"花瓶"，只知道待在家里享受，他就很失望。丈夫几次建议秀美出去做事，但是工作一段时间后又辞职了。后来许多单位也不接收她这类经常辞职的人员了，秀美连份工作也找不到了，整体在家待着。她还整天向丈夫要吃要喝，还常常要出去享受高消费的旅游。丈夫很勤奋，最不能看到家人整天无所事事地待在家里，后来就与秀美离婚了。

离婚后，秀美更糟糕，年龄也大了，介绍对象都是二婚，找工作也不好找。她还整天希望能找一位有钱人，过理想的生活。但是迟迟没有找到，她的日子越过越贫困。

嫁得好还要干得好，这是当今流行在女士中间的时尚语。

确实如此，将自己的理想都寄托在另一半身上，是行不通的，难怪秀美最后实现不了自己的理想。许多年轻女士都有这样的倾向，希望能找一位如意的白马王子，然后就不再担忧自己的吃喝拉撒，只管尽情去享受吧。错了，女子无才便是德的年代早就过去了，虽然男子爱美，但是更爱才，没有哪位男士喜欢"花瓶"式的女子。女士们的幸福还是要靠自己去努力，将理想寄托在丈夫身上是不行的。

也许你觉得父母能为你找一份安逸的工作，所以你就没有后顾之忧，就用不着努力了；也许你的好朋友处境很好，他能帮你谋一份很好的差事，所以你就将理想寄托在他身上了；也许你现在的工作很差，但是你恋人的工作很好，你的经济来源都是对方提供的，所以你就可以安心地生活了，如此等等。这些想法与作为都是很幼稚的，你自己的事情、自己的理想怎能寄托在别人身上？有几个成功人士是靠别人实现自己理想的呢？

年轻人爱将自己的事情寄托到别人身上，这是依赖、懒惰的表现，自己能独立完成何必麻烦别人。特别是一些小事情，如果你养成委托他人的习惯，就自然滋长了自身的惰性，即使你自己有能力做你也不愿去做。久而久之，你就养成了依赖别人的习惯，没有别人替你做事你将寸步难行。我们不能将自己的理想寄托在别人身上，想依靠别人升官发财，想依靠别人谋得工作，这都是不长久的。秀美只想找个大款过安逸的生活，结果怎样呢？还不是一无所有。

"吃自己饭，流自己汗，自己事业自己干，靠天、靠人、靠老子，不算是好汉。"这是著名教育家陶行知的名言，要想实现自己的理想，就要靠自己去打拼，依靠别人只是偷懒的表现。要做一个勤奋的人、成功的人，你首先要做一个独立的人！

"不要上演阿 Q 的新时代悲剧。"

现实情况就是这样了，再努力也没用，就这么着吧，许多人老爱这么说。于是他们就不思进取、得过且过，有了困难没法解决的就不解决，导致处境每况愈下，他们还自我陶醉、自我满足，他们就像新时代的阿 Q 一样，用自欺欺人的精神胜利法来麻痹自己。身为风华正茂的青年人，他们却没有青年人积极进取的状态，虽然工作着、生活着，他们的生存状态却令人堪忧。

李超学的是哲学专业，本科毕业后开始找工作。他发现许多中、基层单位都不需要哲学方面的人才，找了好长时间也没找到合适的工作。李超有些灰心丧气，觉得自己的专业太冷门，找不到合适的工作也不足为奇。李超看到一些报纸、杂志、网络等媒体上经常报道毕业生就业困难的问题，这下李超平衡多了，他觉得找不到工作的不只是他一人，失业、待就业的多着呢，何必为自己的工作担忧呢。

由于生活所迫，李超还是要找一份工作养活自己。他不再考虑那么多，只想找到一份工作填饱肚子就行了，他东找西找，最后去了一所私立中学担任语文教师。李超很高兴，他做梦也没想到自己竟然能当上教师。工作不久问题就出现了，李超是学哲学的，理性思维太强，在教学生们写作文时总是讲些深奥的道理，弄得学生们很反感。教务主任多次找李超谈话，希望他能改进一下教学理念与教学方法，但是李超总是改不了，最后学校辞退了他。

李超更加郁闷，但是他看到许多人被"炒鱿鱼"，心里又有了希望，别人也经常失业，我何必担心自己失业呢？教不了中学我教小学总可以吧！后来他就到一所小学教五年级的自然与地理课，但是孩子们很调皮，组织课堂纪律要占去很多教学时间，李超又不善于组织纪律，他的课堂上总是乱七八糟。校长让他组织课堂纪律，他总是不听，才教了一学期就被学校辞退了。

教学做不成了，李超又去找工作，最后找了一份话务工作。由于他口才不好，试用期一到就被辞退了。李超继续找工作，最后找了一份在超市盘点、搬运货物的工作，这个工作干起来很轻松，几乎不用费脑子。一次他的一位大学同学到超市买东西，突然看见李超在搬运矿泉水，同学好奇地询问李超情况，李超却说："没什么大不了的，别人能干的我照样能干，现在再说什么也晚了，努力是没用的。"就这样，李超不再考虑自己的前程，他已经习惯了这样的生活。

李超的情况令人心寒，一个本科生就这样过下去了，还能有什么作为呢。一部分青年人由于现实情况压力大精神状态很差，他们几乎对自己的前途不再报有希望，只是盲目地混天度日。对任何事情都抱着无所谓的态度，就像上面的李超一样，工作出现困难也不想办法解决，而是教不了中学教小学，教不了小学当搬运工，简直一点进取心也没有。与鲁迅笔下的阿Q

很相似，自己现实中处处挨打、处处受气、处处失败，而他自己却处处欢喜、处处成功，完全活在自欺欺人的精神状态里。就像李超，工作有困难可以克服嘛，被辞退后要反思嘛，怎么能不思进取地步步下滑、步步退缩呢？如果他在超市干不下去，估计就没有合适的工作可做了。

在这个社会竞争很普遍，所以各方面存在压力也是很正常的，这说明社会发展了、进步了，人们各方面的节奏加快了，我们要不断地提高自我、更新自我、加快自我的节奏才能跟上时代的步伐，怎么能抱怨社会呢？难道说让整个社会都放慢节奏符合你的节拍不成？

任何时候都是个人适应社会，不识时务者只能被社会淘汰。我希望那些"精神胜利"的青年朋友们能重新审视自我，找到自己的发展目标，跟上时代的步伐，迎难而上，重新发展自己。

降低对自己的要求，只会让自己更加堕落；找不到工作就甘愿挨饿，那是愚蠢的做法；工作中有困难就退缩，更是懦弱的行为，如果青年时期的你就没有半点魄力，你日后又能发展成什么样子呢？中老年人可以，残疾人可以，我们不可以，因为我们是年轻人，年轻人就要奋发图强，年轻人就要积极进取，年轻人赢得起也输得起，因为我们有时间、有机遇，是年轻人你就拿出自己的本事来，学贝多芬，冲上去，扼住命运的咽喉！

成功的人生需要树立合适的目标

我们勤奋、努力，最终却没有获得所期望的结果，在打拼人生时经常感到无能为力，这个时候，为什么不想想我们的人生目标呢？

一位世界级的马拉松冠军选手，透露了他获胜的秘诀：

他说他在练习或比赛时一定要提前到场，然后从起跑点开始，计划着第一个 500 米预计要跑到哪里，要花多少时间；第二个 500 米要跑到哪里，要花多少时间。以此类推，他先预计出赢得冠军全程要花费多少时间，当他正式参赛时，就将 500 米定为一个终点，他就用他计划好的速度稳健地前进。

他每到达一个终点心中就充满胜利的喜悦，以此来激励自己，调整好脚步继续冲向下一个 500 米，如果一次有懈怠，他就将下一个 500 米定为胜负的目标，所以他没有一般选手的疲倦，因为他以 500 米的行程决定胜负，从来不考虑几万米的比赛路程。因此他每次都能以轻松稳健的步伐跑完全程，所以他能多次赢得冠军。

"先给自己制定一个唾手可得的目标。"

也许我们因工作或生活上的事常常心情很糟，什么也不想做了，看见什么都烦，觉得自己做什么都做不成，想有点成就感真是太难了。其实现实没这么复杂，都是你想不开造成的，你何不学习一下那个马拉松冠军的经验呢？先别考虑什么大理想，先制定一个唾手可得的小目标，搞定了再说，不为别的，就为揪出自己的成就感，你不是缺少成就感吗？小事情搞定后你立即就变得就很有成就感了。

张军就很会调整自己，他平常做事很认真，工作上也很积极，但是经验不足，时常出现一些问题，张军经常因为工作上的事情生闷气。

一次主管让他调查一下附近一个城市里的市场情况，张军去了，调查完毕就将报告交上去了。主管很不满意："你就到这一个城市去了吗？中途的两个城市你都是飞过去的吗？我们要的是市场群体情况，你拿一个城市的报告给谁看？"

张军挨了一顿批，心里骂着主管：早知道搞群体调查你明说不就完事了，还非要让职员动脑子，真是的！骂归骂，张军还是比较佩服主管的操作方式，毕竟比自己高明，要不他怎能管自己呢？

一周的工作挨了一顿骂，张军极不是滋味，心里窝囊透了。到家躺在床上生气，他又想了想自己的理想，一定要在35岁之前开办自己的一个公司，现在自己还是这个样子，自己的理想实在是太遥远了。想到这里张军一阵失望，弄得心情好乱，晚饭没吃就睡去了。

第二天是休息日，张军依旧不想动，躺在床上看自己室内乱七八糟的东西：地板脏得不能再脏了，衣服不知道几件没有洗，都堆在一堆，家具上像个杂货摊，什么都乱糟糟的。收拾！一屋不扫何以扫天下！先打点自己的生活再攻克自己的工作。张军就开始干了，衣服、床单、被罩全洗了；地板擦得干干净净；家具上的物品摆放得整齐有序；又写了一幅作品贴在墙上；然后将自己的书籍都从床下拖出来，装在写字台的小书架上；又在房间中间拉上一道幔子，将房间隔成两个空间，一半是卧室，一半是书房。收拾好以后张军看了看挺满意的，原来自己也会搞室内设计，很不错嘛！以后就保持这种状态，环境毕竟能改变人的心情，舒适了许多。沏上一杯绿茶，打开电脑，放上一曲轻音乐，张军叼着烟卷乐了，他觉得自己是一个很会享受生活的人。一股生活的成就感顿时洋溢在张军周围，张军觉得自己并不笨，工作上一些事情没做好是自己没动脑子而已，如果都能像今天这样战胜生活，自己的工作一定也能做好。

张军选择了一个战胜生活的小目标，轻而易举地完成了，并很快有了新的成就感。我们生活上老是提不起精神，许多方面都觉得自己已经麻木了，就这个样子了，其实不然，我们还存在许多优越性与个人的潜力，适当地改变方式为自己制定一个小目标，无论是生活方面或是工作方面的，试着轻易地完成，你会发现你新的亮点。

也许有人会说，这些小儿科的东西根本就治不了我的压力症，其实并不是这样，正因为这些小东西被你忽视了，你才寻找不到解除压力的方式。面对理想的压力我们无非是两种反应：一种是想办法将问题解决掉消除压力，另一种就是消极的退缩。

当我们一时找不到好办法时就容易退缩。如果我们的目标制定得很远大，而眼前各种情况很不好，自己发展步履维艰，我们就会觉得理想实现不了，很容易放弃理想。

这还是我们没有找到信念上的支撑点，精神上得不到成就感的安慰造成的。如果我们能不断地制定一些轻而易举的小目标，然后完成得很漂亮，你会不断地获得一些成就感，这就让你对自己有了新的认识，对你的工作与理想也会有新的信心，不信你可以试一试。

"将你的大目标分成阶段性的小目标。"

每当我们做事失败时我们总会对自己的目标感叹，这样的理想什么时候才能实现啊，我看是没希望了。这就像我们在登山，每当我们跌倒的时候我们就看一看最高处，觉得自己距离最高目标太远了，于是就心生绝望。我们何不学习一下那位马拉松冠军的做法，将自己的大目标分成若干个阶段性的小目标，然后只需一心完成阶段性的小目标就行了，到了一定阶段我们自然会完成大目标，这样还不会产生过多的压力，因为我们能很容易地看到小目标的希望，自己就增加了信心。

杜明毕业后找了一份教学工作，他的目标是考研，然后到科研机构做研究工作。但是考研的人越来越多，想实现自己的目标也很不容易。杜明也没想那么多，将计划分了好几个阶段，第一阶段做好一年的教学工作，中间还要抽时间学习外语；第二阶段是考前半年将工作辞掉，全力以赴考研；第三阶段是考完试继续找工作；第四阶段是如果考不上就上半年工作下半年继续准备考试。

制定好四个阶段的目标后，杜明并没有多大的压力，该准备教学就准备教学，课余时间就学习外语，他还报了周末英语培训，是专门针对考研的。经过半年的学习，杜明觉得自己的英语水平进步不少，在做往年的考题时错误率降低了不少。教学工作做得也比较顺利，经常与同学们组织一些问题活动，教学生活过得并不死板。教学工作进行了一年，杜明就辞了工作准备考研了，包括一些专业内容、政治课程等都要学习。

经过半年的努力，杜明参加了第一次考试，但是感觉不太好。他也没在意。随后就开始了找工作，他工作不久成绩就在网上公布了，他的成绩还不错，竟然被一所大学录取了。杜明有些出乎意料，但是也在他的意料之中，因为他从没感到过压力，每个阶段他都不考虑太多，只需认真地完成这个阶段的任务就行了，想得多了也没用，想得多了只会增添自己的压力。面对自己的未来，杜明更有了希望，他随后就定了考博的计划。

考研本来是很难的事，许多人整年地学习，考了两三年还没结果，杜明却一下子就考上了。这一方面说明他的知识掌握得比较扎实，另一方面就是他的心理素质比较好，尽管又要工作又要考研，但是杜明从来没感到有什么压力，只管将自己阶段性的工作做好就行了，并没有考虑那么多，这样就减轻了许多负担。许多青年人也是制定了自己的大目标，但是他们不会将大目标细化为若干个小目标，一直就等着大目标，自己也在不断地努力，但是由于目标比较长远，很难看到自己一时的进步，所以无形中就增添了自己的压力。

在行动中影响我们最大的其实是我们思想上的压力，这些压力都是我们的忧患意识太强造成的，总怕我们的理想与目标实现不了，经常忧心忡忡。这些不应有的思想压力，无形中会为我们的行动增添阻力，久而久之对我们的行动效果就产生坏的影响，有时影响我们的工作效率，有时破坏我们的生活情绪，弄得我们看不到希望。

如果我们能将大目标分成若干个小目标，就等于将所有的思想压力给分散了，比如说我们可以将阶段性的小目标分得更细，分为几个唾手可得的微型目标，这样我们做起来不但没有压力，反而有很多动力。这就是分散压力产生动力的良好作用，那位马拉松冠军能用此方法获胜，我们照样能用此方法提高自我，不要再犹豫了，赶快"分解"你的大目标吧。

学会培养自己的定力

　　因为我们缺少定力，所以我们很容易浮躁。一浮躁想法就增多了，情绪也就更不稳定了。

　　很多时候我们都想静下来认真地做事，但是就是静不下来，因为我们太浮躁了，缺少许多毅力，也就是定力。古人经常用"两耳不闻窗外事，一心只读圣贤书"来形容上好的定力，所以他们才能度过十年寒窗，求取功名。相对今天的学习与工作来说，古人的学习是很单调的，只能对着四书五经天天读，只有考取功名那一条路可走，他们的毅力还那么坚定，我们现代人确实要学习古人的定力，减少一些私心杂念。

　　正因为我们的私心杂念太多，我们才变得浮躁了，不是吗？干着工作想着下个月能否涨工资；与恋人交往着，老担心对方有更多的想法；自己的能力提高了，想着是不是要跳槽；自己这份工作太枯燥了，是否要换一个工作呢等等。你整天都在不停地想这想那，思想不稳定，情绪就不稳定，情绪不稳定行动就不稳定。我们还时常抱怨自己的目标不能实现，你自己想一想，你静下心真正投入工作或学习的时间到底有多少呢？恐怕不多吧。

其实我们与别人的能力、时间都差不多，只是我们的想法太多，将自己的许多精力都分散了，因为我们缺少定力，所以我们很容易浮躁。一浮躁想法就增多了，情绪也更不稳定了，也许我们的计划是一个月完成某项任务的，可是浮躁情绪来了你就想三天内将事情做完，这样一来你就不再按自己的计划进行了，老想找更快的捷径，靠一些投机取巧的方式加快计划的进程。

　　我们越是想加快往往越是加不快，比如有些年轻人为了提高工作业绩增加工资，就招揽了许多任务，并大言不惭地在领导面前夸海口，几天之内一定完成，然后就请许多朋友帮忙，任务毕竟不是朋友的，他们只会草草应付过去，表面上任务完成了，实际上还存在许多问题。当你理直气壮地向领导交差时，领导却指出许多问题，打回去让你重做，郁闷吧？

　　浮躁情绪只会增长我们急于求成的心理，不会带来什么好的效果，我们要逐步发展、稳步前进，就要培养自己的定力，当自己制定好计划后就专心去完成，不要考虑太多。

　　只要我们能安下心来做下去，就能培养出自己坚持积累的好习惯。比如说我们业余搞创作，提纲列好以后，定出具体任务量，每天晚上写一小节，或每天抽空写两千字，然后坚持不断地写下去，你的计划就会逐步完成。许多业余作家一年能写四五本比较好的书，他们都是靠着自己的定力完成的，他们也有自己的工作，也要应酬生活中的一些事情，但是他们能坚持，不间断，所以他们的成绩是定力下积累出来的。许多人觉得他们工作、应酬那么多，还能抽时间写那么多的书，真是不可思议，其实，学会坚持，完成这些并不足为奇。

我们年轻人并不缺少理想，也不缺少干劲，但是缺少定力下的坚持，往往才干了几天就浮躁了，这么多的任务何时才能完成啊，一旦间断下来就是前功尽弃。上面一节讲的完成阶段性目标，其实就是要无形中培养我们的定力，我们只有静下来逐个完成小目标，才会稳定住自己的心情，也就不会产生浮躁情绪。没有浮躁情绪我们就能将全部精力都投入到工作中来，一些无用的私心杂念就消除了。我们可以观察一下身边比较成功的人，他们做事一般都很专心。

为什么中老年人办事比我们年轻人办事老练呢，一个是方法问题，另一个就是心态问题了，他们都有一定的定力，遇见问题不会轻易就慌乱了，在冷静的状态下思考解决问题的方法比冲动状态下思考不知要强多少倍。古人以静制动的古训更是定力的"高级运用"，我们要成熟，就要稳健，我们要稳健，就需要从培养自己的定力开始。

我们少的，只是一点自信和坚持

正如《真心英雄》那首歌唱的一样：没有谁能随随便便成功，不经历风雨怎能见彩虹。人生虽然如此的残酷和现实，让我们很多人感到无能为力。其实，少的只是那么一点点的自信和坚持。

对即将到来的明天，我们总是充满了绚丽的期望；关于昨天，或许不少的人带有丝丝的悔意；在时下的这一刻，也就是今天，我们常常徘徊、纠结于希望与懊悔之中。我们大多数人是如此，这也恰恰是我们的人生处于一种被动状态的真实缩影。

在一个阳光明媚的春日午后，天空被前几天的一场春雨和持续不断吹来的暖暖春风擦拭得宛如一片蔚蓝色的玻璃。在这样的季节，像这样的天气，又怎么能不令人心情愉悦呢。

那天，我和峰等几个人在一家常去的咖啡馆聊天。在那儿，峰意外地遇到了很久前的一位一起创业的老朋友。他的那位朋友看起来混得不错，意气风发。在简单的几句寒暄后，峰知道了他们原来一起创业做的公司现在做得不错。

"早知道，我为什么当初要选择离开呢？"

在朋友走后，峰不禁懊悔道。

似乎我们不少的人都有一种习惯，对已过去的一些事，总是有那么一点点的后悔，觉得自己当初是选择错了，如果当时……

你是不是也这样呢？

无论我们表现得如何懊悔，都不可能令事实发生改变。更为重要的是，我们的这种懊悔，如果不加以控制，便会影响到我们当下，乃至于以后的岁月，就像是温水煮青蛙，将使我们陷入到人生的被动状态中。

在我的印象中，兴是一个健康并阳光的大男孩，脑子十分活络。在谈论一些事情的时候，他总是会出其不意地说出一些让我们震惊的观点，而且他说出来的恰恰是被我们忽略的，也是其中的关键点。也就是因为如此，在大学期间，我们都很佩服他，觉得他是个"才子"。当然，我们也觉得，这小子在将来肯定能鱼跃龙门，生活得十分惬意。

可是……

在大学毕业后，我选择留在了这个充满了诱惑又残酷的城市。当时，他也留了下来，但是，由于竞争的激烈，再加上他家里人总是催他回老家。于是，他在奋斗了一段时间后，还是回到了老家。

我再次见到他，毕业已5年。

当我再次看到他，我不敢相信自己的眼睛，因为他跟留在我记忆中的形象相去甚远。很难让我觉得这个看起来颓废、世故的家伙，跟原来那个阳光的大男孩有什么关系。

似乎在这个时候，除了说一些后悔当年选择回去，才能显示他原来对于人生还充满了激情和希望。像这样又怎么能解决问题呢？所能得到的，或许只有绵绵无期的失落和忧伤。

我劝慰他，说既然不满意现在的生活，我们的年龄还不算太大，为什么不选择重新来过呢。他尴尬地笑了笑，说他也这么想过，但是他担心如果重新来到这里打拼，再失败了怎么办。他说他害怕到时候连现在拥有的都会失去。

"不甘于现状，想要寻求改变，但又害怕一旦做了，连现在所拥有的都可能会失去。"

这就是兴的心态，也是我们大多数不甘于现状，却难有实际行动者的心态。

未来是不可预知的，谁又会甘心失去已经拥有的一切呢？这是人之常情，更是人之常态。我理解兴，以及像兴这样的人。但理解不等于赞同，因为，人在很多的时候，需要的是孤注一掷的勇气，固守现在所拥有的一切，只会让我们失去扩张生命的勇气，只会让自己在一个狭小而有限的圈子里面奔跑。

放下内心的担忧，别让计较得失的小算盘搅乱了你内心的宁静。在人生的旅途，我们需要的是一路向前的激情和勇气。因为，人生的精彩是做出来的，而不是算计出来的。因为，这世界的变化太快，并带有诸多的意外。因此，预知未来只能在理论上成立。

给自己一份自信，并学会坚持，如果你觉得这就是你要做的事，而且是当今社会所需要的，你迟早都能将自我的价值体现出来，活出最为精彩的自己。

我们并不是不能活出真实的自我，只是我们少了一份自信的坚持！